100歳時代

楽しもう！

マイ ケア・ライフ

人生100歳時代──。
幸せな齢を重ねながら、
はつらつと生きるヒントを、
介護の専門家、医師、
大学教授らがお届けします。
いくつになっても輝く
「幸齢社会」を
楽しんでみませんか。

一、本書は、聖教新聞の「介護」「幸齢社会」の紙面（２０１０年６月22日付～２０１６年12月21日付）の中から、インタビュー記事を一部加筆・修正をして、『100歳時代　楽しもう！　マイ　ケア・ライフ』としてまとめました。

一、名称、時節等については原則、新聞掲載時のままにしています。

脚本家 橋田壽賀子(はしだすがこ)さんに聞く

〝渡る世間〟を楽しむ知恵

今日一日を悔(く)いなく生きる

数々の人気テレビドラマを世に送り続けてきた、
国民的脚本家の橋田壽賀子さん。
90歳を迎えた
橋田さんに〝渡る世間〟を
楽しむ知恵について聞きました。

健康な体に感謝

――年齢を重ねて〝豊かな人生〟を送るために心掛けていることはありますか。

まずは「健康」です。

私は脚本家として、多くの人と一緒に仕事をするので、自らの体調不良で迷惑を掛けられないと思い、昔から健康に注意しています。自宅にはバランスボール、自転車型の運動器具などもありますよ。

また、以前はよくスキーを楽しみましたが、テレビドラマの脚本を書くようになり、「足は折っても手は折るな」と言われたことも。それほど上手ではなかったので結局、怖くてやめました（笑い）。

その後、膝が悪くなったので50代から水泳を始め、今もできるだけ泳いで

「余生」という言葉が好きではない橋田さん。「今を生きているから『生』といえるのです」と（静岡県熱海市の自宅で）

います。

健康な体に感謝して、今日も元気に爽やかな朝を迎える——これは年を重ねた人間に与えられた特権であり、最大の幸せではないでしょうか。最近、分かったのは「昨日できたことが今日できるとは限らない」ということ。筋力が落ちると歩けなくなりそうなので、筋力トレーニングもしています。高齢になるとショックなこともありますが、素直に受け入れてどうすればいいかを考え、落ち込まないことが大事です。

年を取っても、その人だからこそできるというものは、どんな人にもあります。

好奇心で挑戦を

――「老後」に対するイメージを教えてください。

私には〝老いの後〟という人生はありません。あるのは〝今〟の人生だけです。過去は変えられないのでくよくよ考えず、未来を先取りしてあれこれ心配もしない。「今日一日を悔いなく生きること」に集中します。

ただし、「好奇心」がなくなったら、その時から老後が始まるのかも。興味を抱いたことにはどんどん挑戦する。失敗しても年齢のせいにしない。老け込まないためには、何でもやってみることです。

私の場合、小さなことなら今日の食事が気になったり、大きなことなら政治や世界の情勢などに関心を持ったりしています。中でも最も興味があることは、旅です。

「おしん」には、かつての旅の記憶が生きています。私は二十歳の時に大阪で終戦を迎え、山形で疎開する伯母の元へ、ひと月ほど身を寄せていた時期がありました。

当時、地元の方に聞いた、奉公に出る子どもの話が心に残り、数年後に最上川を旅することに。何かを知りたいという好奇心で旅に出たのは、これが初めてです。

今でも旅に出ると、どんな光景が広がっているのだろうと思い、足腰が弱っても体が勝手に動きます。家で療養するより〝好奇心に勝る特効薬ナシ〟のようです(笑い)。

夫婦円満の秘訣

——いつまでも夫婦がいい関係でいるための秘訣は？

〝女性初の脚本家誕生〟と華々しく映画会社に入社したものの、実際は男社会。「女に脚本が書けるわけがない」とバカにされた時代です。

30代でも脚本家で身を立てる夢には遠かったのですが、結婚の考えも浮かばず、思いを寄せていた男性は戦死を。仕事をして1人で生きようと決めていた気がします。でも自分の力に自信を失い、41歳で入籍。夫の高給に憧れて結婚したようなものでした。

ところが夫は「仕事は辞めなくていいが、俺は物書きと結婚するんじゃない。家事はちゃんとやってくれ。俺の前では、原稿用紙を広げるな」と。夫婦間の契約といえば、これだけです。

その後、原稿の締め切りに追われていた私は、そのルールを一度だけ破ったことが。夫が予定より早く帰宅したので、つい、机に向かったまま「すみません。明日、締め切りなものですから」と言ってしまったのです。

するとおれ「俺には関係ない」と。仕事への理解がなかったわけでなく、契約破りだろうと言いたかったのでしょう。

私にとって夫婦円満の秘訣は「夫を立てる」こと。ケンカすると仕事ができないのもありますが、生活が安定し、結婚できたからホームドラマのネタを数多く見つけられ、ありがたいと思ったのです。

「あなたのおかげ」と言うことで相手の機嫌がよくなるなら儲けもので、損なことは何もありません。褒めるのはタダ。たまには、妻も夫から「苦労かけるね」と言われれば幸せです。ちなみに、私は一度も言われたことがありませんけど……（笑い）。

夫婦がいい関係でいるための秘訣は「責めない」「束縛しない」「思いやる」の三つだと思います。お互いを尊重し、感謝の言葉を惜しまないようにしたいですね。

自分の心に鬼(おに)が

――一人暮(ぐ)らしになって感じていることは何ですか。

いつでも原稿用紙に向かえることで、夫が生きていた時の緊張感(きんちょうかん)がなく、怠(なま)けがちになりました（笑い）。

夫は59歳で肺がんを患(わずら)い、医師から「長くてあと半年」と宣告(せんこく)。治(なお)る見込みがなく、私は告知(こくち)して苦しめたくないと思い、隠(かく)しながら一生懸命に明るく振る舞いました。

夫が他界(たかい)して20年以上たちますが、夫婦には必ず別れが来ます。そんな時、残された者は落ち込んでばかりいてはダメ。相手の分まで生きるつもりで頑張らないと。伴侶(はんりょ)もそれを望んでいるはずです。

南太平洋のイースター島で念願のモアイ像と（本人提供）

　ただ、私は常に仕事に追われてきたので、今は休業して充電中。おかげで、たばこもやめられました。本音は、大好きな船旅の客船で吸えなくなったからですが（笑い）。

　〝渡る世間〟を楽しむ知恵は人それぞれ。一人暮らしの私は自由に旅に出掛けられるし、心配な家族もいないので気楽に楽しんでいます。

　また、世間に〝鬼〟がいるかどうかは心の持ち方次第。夫であっても、舅や、姑であっても、相手を鬼にしてしまう鬼は自分の心の中にいます。

人はそれぞれ違うと認めた上で、相手のいいところを見つけましょう。思ったことをズケズケ言ったらこうなってしまうというのが、私が書く大衆小説のドラマです。

私はいつも「人生は2流」でいいと考え、脚本家としても「1流」になろうと思ったことはありません。その方がずっと気が楽だからです。

ある時、その気持ちを夫に伝えると、夫は冗談交じりに「うん、そうか、それもいいだろう。だが亭主だけは1流だと思っておけよ」と。

そんな夫が今も家のどこかで見守ってくれている気がするので、一人暮らしが寂しいと感じたことはありません。仕事も生活も怠けていたら、怒られそうですからね。

はしだ・すがこ

◆

1925年、京城（現・ソウル）生まれ。大阪府立堺高等女学校、日本女子大学卒業後、早稲田大学中退。松竹株式会社の脚本部を経てフリーの脚本家に。ＴＢＳプロデューサーの岩崎嘉一氏と結婚。手掛けたテレビドラマは200本以上。83年に放送された「おしん」は大反響を呼び、海外でも放送。「渡る世間は鬼ばかり」など国民的ドラマが多い。ＮＨＫ放送文化賞、菊池寛賞、勲三等瑞宝章などを受賞・受勲。2015年、脚本家として初の文化功労者に選出される。橋田文化財団理事長。著書に『私の人生に老後はない。』（海竜社）などがある。

『私の人生に老後はない。』

シニアエクササイズ特集①

和歌山大学教育学部教授 体育学博士 本山貢さんに聞く

県民の介護予防のためにと、和歌山県と和歌山大学が共同開発した「わかやまシニアエクササイズ」。筋肉の衰えによる転倒などを防ぐだけでなく、集団で行うと人との交流が生まれ、ますます元気になると評判の運動です。開発・普及に努めた同大学教授の本山貢さんに聞きました。

いつまでも歩けるように ゆっくり行う筋トレ

和歌山県は、もともと高齢者の人口比率が高い県ですが、介護認定を受けている人の割合は、全国で3番目に高いという特徴があります。

介護が必要となる要因には、関節疾患や骨折、転倒などが含まれ、軽度の要介護者の約半数は、運動不足が原因です。

そこで、高齢者が元気なうちに健康への意識を高め、虚弱化しない介護予防運動として「わかやまシニアエクササイズ」を開発しました。いつまでも歩けるように、主に「大腰筋」と「大腿四頭筋」という下半身の筋肉を強化します。

ポイントは、ゆっくり行うこと。ゆっくり運動すると、成長ホルモンの分泌によって、効率よく筋肉を肥大させることができるのです。

音楽を聴きながら

ゆっくり行うシニアエクササイズは、1分間に60テンポの音楽に合わせて、四つのリズムで膝や脚、上体などを持ち上げ(力を入れ)、四つのリズムで元の状態に戻す運動を10回繰り返します。

さらに、音楽を聴きながら運動すると脳も活性化し、認知症の予防に効果的です。「いち、に、さん、し」と声を出しながら行ってみましょう。

動作は6、7回目から「ややきつい」という、主観的な運動強度になるように、動きの大きさを調節することがポイントです。

(②は、38ページ)

『ゆっくり動けば体が若返る！ ワダイビクス CDブック』(マキノ出版)

もとやま・みつぎ

◆

1962年、岡山県生まれ。福岡大学体育学部卒業、同大学大学院修了後、九州大学非常勤講師などを経て、和歌山大学教育学部に赴任。博士(体育学)。専門は健康科学、運動医学。編・著書に『もっとなっとく使えるスポーツサイエンス』(講談社)など。「シニアエクササイズ」の効果が新聞やテレビで紹介され、注目を浴びている。

カウンセラー・エッセイスト **羽成幸子**(はなりさちこ)さんに聞く

“わが家流(やりゅう)”の見つけ方

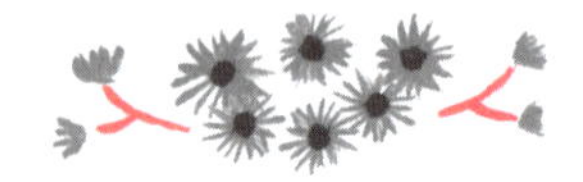

介護(かいご)は自(みずか)ら考えて生み出す「自立(じりつ)の学校」

聖教新聞の連載「わが家流でいい！ ほがらか介護」を
執筆したカウンセラー・エッセイストの羽成幸子さん。
1000通を超える便りが寄せられた
連載の反響をふまえながら、“わが家流介護”の見つけ方を
アドバイスしてもらいました。

〝老い〟を意識

介護に教科書はありません。人生の数だけ介護法はあります。大事なことは、その中で自分だけの〝わが家流〟を見つけることです。

他人と自分を比べ、他人のまねばかりしていると、次第に苦しくなっていきます。どうか、自分の介護に自信を持ってください。

介護は、人それぞれ苦しみが異なります。鼻水をふくだけでつらいという人もいれば、下の世話でも大丈夫という人もいます。その苦しみに慣れるためには、何度も向き合い、繰り返すしかありません。そして、早い時期から心の準備をしておくことです。

よく、「介護はいつから始まるのか?」と聞かれます。

私は、「自分や親の老いを意識した時が介護の始まり」と言っています。

老いと死は、必ず同居しています。親御さんが寝たきりになった時が、介護の始まりではありません。親が少し弱ってきたなと感じたら、頻繁に様子を見に行くことです。

実家で季節の服を出したり、重い物を持ったり、庭の枝を切ってあげたりする。こうしたことも立派な介護です。

親御さんも無理をせず、子どもに頼み事を用意しておくなど、上手に人を頼りましょう。お互いに意識した分だけ、介護の先取りはできるのです。

答えを求めない

介護は常に大変です。楽な介護などありません。私は、人生の一番厳しい修行が介護だと思っています。

介護をする上では、親子の人間関係や家庭の歴史もあり、そこには葛藤も生まれます。老いた親と向き合いながらも、実は自分自身と向き合うことになる。結局、介護とは自分自身との戦いなのです。

人に「優しくしよう」「親孝行しよう」と言うことは簡単ですが、実際に排せつ物を処理する中では、優しさなど吹き飛んでしまいます。それでも、相手の人生や考え方、においなどを受け入れ、孤独な介護と向き合い続けた人は、自分自身との戦いに勝った人です。

介護という厳しい現実と格闘する中で、介護者は次第に〝哲学者〟になっていきます。なぜなら、介護とは、悩みながらも自分で考え、答えを生み出していく「自立の学校」だからです。

介護の苦しみを、いかに軽減し、楽しみを見いだすかは、介護者自身の知恵であり、考え方といえるでしょう。

介護は判断の連続ですが、最近は多くの人が、すぐに「答え」を求めたがります。しかし、介護の答えは一つではありません。

大事なことは自分で考えて、答えを出すことです。

もし駄目でも、また別の方法を考えれば良いのです。試行錯誤を繰り返す中で出した答えは、「すべて最善を選んでいる」と考えましょう。その上で、

「介護が終わったら、すべて100点」だと思ってください。

人生の一部分

では、介護を楽しむためのポイントは何でしょう。その一つは、「介護を人生の目的にしない」ことです。

私たちは介護をするために生まれてきたのではありません。より良く生きるために生まれてきたのです。ですから、介護者自身が自分の人生をあきらめず夢を持ってください。

私にとっても介護は人生のごく一部分でしかありません。30年に及ぶ介護生活の中で、私は62種類の習い事に通いました。

自分の興味を広げ、夢を実現するために挑戦も続けました。姑が昼寝している時間を使って映画館に行ったり、わずかな時間を割いて、絵画や芝居を見に行ったりしたこともあります。それらが人生を生き抜く「しなやかさ」

になっていったのです。

「しなやかさ」とは自分自身への投資です。さまざまな人と触れ合い、語り合う中で「こんな考え方もあるんだ」という「気付き」や「発見」がある。それらが自身の人生を豊かにし、介護の現場での、さまざまなアイデアとして生きました。

例えば、下の世話をしている時でも、バラのにおいを想像してみる。下の世話をしたら、自分に何か、ご褒美をあげる……。こうした少しのアイデアとユーモアが、介護現場に潤いをもたらします。そのためにも、介護の現場から一歩引いた目で、自分の人生を見つめることを心掛けたいものです。

感情を恐れずに

介護に悩む人から、しばしば相談を受けることがあります。

「介護がつらくて、母親の首を絞めてしまいそう」と言ってきた人に、私は「今からロープを持って手伝いに行くから」と言ってあげます（笑い）。すると、相手はスッと気持ちが落ち着き、冷静になるのです。これも知恵であり、ユーモアです。

頑張っている人に、さらに「頑張れ」と言うのは酷というもの。言葉一つで心が軽くなり、元気になる。周囲の人は言葉の力を知ってもらいたいですね。

介護を通じたストレスは、自分が気付かないうちに心の中にたまっていきます。

私自身、姑を看取って介護が終わってから2年もたったある日、夫の何気ない一言で感情が爆発し、涙が止まらなくなったことがありました。「なぜ今ごろ?」と自分でも不思議でしたが、思いっきり泣いた後はスッキリして、気持ちが楽になりました。

人間は決して強くありません。自分の感情を恐れず、自分の気持ちを言葉に出してみると元気になります。時には、エプロンを放り投げて、介護から逃避してみることです。近所を一人で散歩するだけでも心が解放され、再び介護と向き合う力がわいてきます。

たった一度きりの人生。介護と楽しみは常に同時進行です。人生の主役はあなた自身であることを忘れず、どうか人生を楽しんでください。

はなり・さちこ

◆

1949年生まれ。カウンセラー・エッセイスト。ヘルパー養成研修講師、ボランティア研修講師。身内５人を30年にわたり介護した体験をもとに、介護するコツ、されるコツを紹介。自分の老いと死を意識しながら、介護体験についての講演、執筆活動をしている。主な著作に『老いの不安がなくなる45のヒント』(清流出版)、『わが家流でいい！ほがらか介護』(鳳書院)、『男も出番！介護が変わる』『「自分の介護」がやってきた』(春秋社)などがある。

生活とリハビリ研究所　代表　三好春樹（みよしはるき）さんに聞く

介護（かいご）は芸術的な営み（いとな）

一人一人の暮（く）らしを皆で手作り

特別養護老人ホームの生活指導員として、
介護現場での経験を積んだ後、理学療法士となった
「生活とリハビリ研究所」代表の三好春樹さん。
年間180回を超える講演と実技指導を行うなど、
絶大な支持を得ている介護分野の第一人者です。
老人観や人間観をも問う講演内容を基に、
「介護とは何か」について聞きました。

ベッドの脚を切れ

介護と医療は極めて対照的です。医療が「人体」を相手にする分野とすれば、介護は「人生」にかかわる分野です。

どんな死に方をするか――すなわち、人生の最終章をどう生きるのか。ここに、介護の大きな役割があります。

認知症が治らなくても、いつも笑顔で幸福そうな老人がいます。介護では、「本人にとって何が幸福なのか」を中心に、本人と家族、介護職が一緒に考えることが肝心です。

その内容は、介護をされる本人が受け身的ではなく、自発的、主体的な方が良いでしょう。まひした手足や、物忘れする頭でも、〝自分らしく生きたい〟という本人の願いを支える。介護とは、一人一人の暮らしを皆で〝手作り〟していくことなのです。

忘れてならないのは、主人公は介護される側の老人だという点です。

例えば、ベッドの脚が高いと介護しやすいでしょうが、寝ている老人が落ちたら危険。柵をしても、乗り越えて顔から落ちる場合もあります。それよりもベッドの脚を切って、低くした方が良いのです。こうすることによって、実際に、老人が自ら起き上がったり、お尻から床に下りて動けるようになった人もいます。

また、ショートステイ等を利用する場合、利用者が私物を置ける施設が良いでしょう。昔の写真や思い出の品があれば、介護職にも老人の人柄が分かり、会話も弾みます。

生活とは、私生活であり、個性があるものです。医療は科学的なデータを基に行いますが、どうしても画一的になりがちです。一方、老人の生活歴や趣味などを基にした創意工夫が、介護です。それは、ある意味で芸術的な営みと言えるでしょう。

資格より資質が必要

時折、「どんな人が介護に向いているか」といった質問を受けることがあります。

私が特別養護老人ホーム（特養）に就職したのは、24歳の時。当時は好景気。特養で介護する寮母になる人は少なく、近所のおばさんたちが勤めていました。採用条件はただ一つ――「腰が丈夫」です（笑い）。

パワーはあるけれどもデリカシーはない、という人も。しかし、そういう人こそ介護に向いているのかもしれません。私が〝天性の寮母〟と思った方が、そういう人でした。

認知症で、異食（食べ物以外を口にする）や弄便（自分の便をいじる）など、問題行動のある老人が特養に。すると、その寮母は、「なんで、こんなもん食べるかねえ」とあきれたり、弄便でシーツが汚れれば「この忙しい時に」と怒ったり、感情むき出し。ところが、怒られている老人は、ニコニコと笑っているんです。

理由は、彼女のものの言い方。認知症の人は、相手の「口

調」で良い悪いを判断しているのです。

例えば、尿を漏らした老人に、言葉だけ「あら、お漏らしなさったの。よろしいわよ」なんて言っても、老人は相手の心の冷たさを感じ取るでしょう。

近年、介護における〝老人の人権重視〟が強調されています。もちろん重要なことですが、私は人権尊重を意識する人よりも、無意識のうちに染みついている人こそ介護に向いていると思います。

この寮母は、資格もなければ、介護の本も読みません。でも、心根は、すごく優しいんです。便秘の老人が便が出ると「苦しかったろう、良かったねえ」と一緒に大喜びします。介護に必要なのは〝資格〟よりも、〝資質〟なのだと痛感します。

未来より今、ここで

介護が必要になっても、何か特別なことをするのではなく、その本人や家族ができる工夫で良いのです。今のような資格や制度ができる前から、介護は元来、素人の一般人が家庭で担ってきたのですから、自信をもちましょう。

また介護職は、仕事としては、①きつい②汚い③給料が安い——「3K」と敬遠されることがありますが、これほど人間的な仕事はないと思います。

なぜなら、①生きる意欲の無かった人が、また生きようとする「感動」がある②体を使って介助することで「健康」になる③自分の創造力次第で「工夫」ができる——私は、これを「3K」の意味にしたいと思います。

現在、各地で介護の学校や講座が充実していますが、学んだ知識を生かす〝知恵〟は、介護現場にあります。

以前、90歳のおばあさんが、夏バテで食欲がなくなってしまいました。「どのように栄養を取るか」となった時、医療の専門家は静脈や胃に直接、栄養を送ろうとするでしょう。ところが、これによって免疫力や体力が低下する可能性もあるのです。

その前に、私は「出前はとったか」と聞きます。事実、このおばあさんは、

うな重をおいしそうに食べたのです。久々の大好物だったのでしょう。もちろんケースによって対応は変わりますが、これも一つの知恵だと思います。

場合によっては、栄養の専門家が「こんな物ばかり食べていたら、長生きできませんよ」と言うかもしれません。でも、もう90歳。十分、長生きしていますよね（笑い）。

介護では「今日」が大事です。明日があるかは分かりません。未来より今、ここで幸せを実感できるか——。そのことに、積極的にかかわりましょう。

みよし・はるき

◆

1950年生まれ。74年から特別養護老人ホームに生活指導員として勤務。九州リハビリテーション大学校卒業後、再び特別養護老人ホームで理学療養士（ＰＴ）としてリハビリテーションの現場に復帰。生活とリハビリ研究所代表。

[監修・著者]大田仁史・三好春樹
『完全図解 全面改訂版 新しい介護』

シニアエクササイズ特集❷

和歌山大学教育学部教授 体育学博士 本山 貢さんに聞く

基本的トレーニング

（太もも持ち上げ）

椅子（いす）の前方に座り、背もたれから離れる。背筋を伸ばして姿勢をよくし、両手を椅子の横に添えて体を支える

「太もも持ち上げ」では、背もたれがある安定した椅子（いす）を用意し、背もたれと背中の間を開け、姿勢よく座ります。両手は椅子の横に添（そ）え、体を支（ささ）えます。

足首の力（ちから）を抜いて、膝（ひざ）を4秒かけて持ち上げ、4秒かけて元の位置に戻します。ゆっくりと滑（なめ）らかな動きで、姿勢をよくして行（おこな）います。最初は膝の持ち上げる高さを低くして試（ため）しましょう。

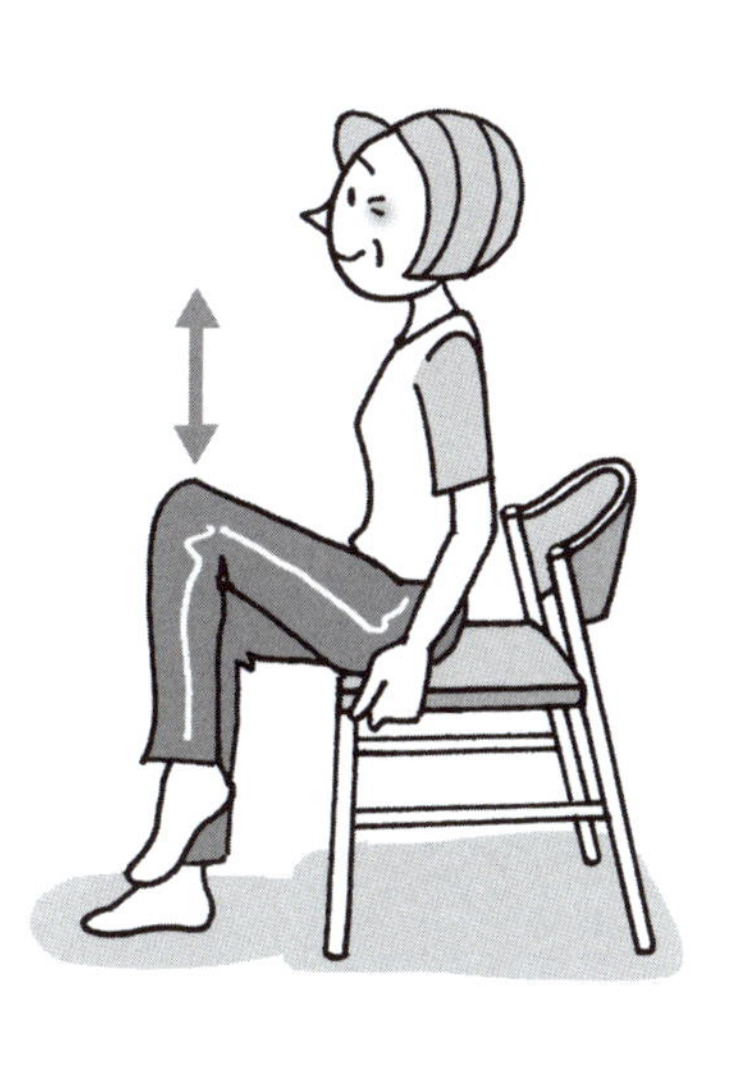

同じ脚（あし）の上げ下げを連続で10回繰（く）り返します。やりながら膝の持ち上げる高さを調節し、適切な運動強度にします。

音楽に合わせてリズムを数えながら行うと、大きな力を発揮することができ、脳も活性化。10回目が終わったら、大きく深呼吸をして休憩してください。

休憩時に、トレーニングした部位の筋肉を触（さわ）ってマッサージすれば、筋肉の緊張がほぐれます。ただし、筋肉をたたかないようにしましょう。

続いて反対側の脚を同じように行いますが、運動と運動の間は30秒から1分程度の休憩を入れ、連続して行わないようにしてください。

（③は、66ページ）

NPO法人
高齢社会をよくする女性の会
理事長

樋口恵子(ひぐちけいこ)さんに聞く

大介護(だいかいご)時代を生きる

祝福(しゅくふく)と挑戦(ちょうせん)の「人生100年社会」ケアは〝総力戦〟で

東京都心にあるマンションの小さな一室。
ここから世界へ〝高齢社会の在(あ)り方〟を
発信している人がいます――樋口恵子さん。
NPO法人「高齢社会をよくする女性の会」理事長を務める。
最近も『その介護離職、おまちなさい』(潮新書)を著すなど、
講演・執筆活動を続ける樋口さんに、
少子高齢化が進む日本の未来を聞きました。

長寿は人類の宝物

――日本は世界一の長寿社会を実現した一方で、〝大介護時代〟を迎えたともいわれます。今後、どんな課題が待っているのでしょうか。

長寿は平和と豊かさの証しで、祝福されるべき〝人類の宝物〟です。

私たちは戦争の世紀を経て、多くの人が長生きできる最初の世代。先人が未体験だから初めて挑戦する課題は山積で、その一つが「介護」です。

健康な人も、老いれば他者によるケアを要し、「介護」という言葉はこの二、三十年で日常語になりました。その介護の時代に「大」という字を付すのは、今後さらなる高齢化と家族形態の変化が起こるからです。

――家族形態はどのように変化していますか。

少子化と非婚化によって、今や高齢者の世帯で多いのは、①夫婦二人暮らし②一人暮らし③未婚の子と住む高齢者、の順になっています。①②で全体の過半数を占めますが、注目は③が伝統的な「3世代同居」より多くなった点です。

介護保険は「家族の介護力」を前提に、その負担軽減を掲げましたが、家族介護者がゼロに近い②一人暮らしのこれほどの増加は想定外。③未婚の子と住む高齢者は、少なくとも昼間は一人暮らしの人は多いはずです。

〝男介世代〟を応援

――少子化による影響を教えてください。

かつて、夫の親の介護は、当然のように〝嫁の仕事〟でした。それが可能だったのは、戦前から団塊世代の誕生まで続いた、子どもの数の多さです。

ところがその後の少子化で、嫁は実の親を介護する必要が増え、夫の親は同居や同一地域内でもなけれ

ば介護する余裕がなくなりました。

まして、共働き世帯が専業主婦の世帯を上回る今、「自分の親は自分の責任」という傾向に。願わくば、夫婦はお互いに「自分の親を看取る時の最大の協力者」であってほしいですね。

――男性介護者が増えているようですが……。

団塊世代が親の介護者となったころから、③の「未婚の子」に当たる男性が増え、私は「男介の世代」と呼んでいます。今では、主たる家族介護者の3割以上が男性です。

深刻なのは、親の介護で退職する「介護離職」も徐々に増えていることです。仕事と子育ての両立政策で〝育休〟が取りやすい企業は増えましたが、「介護休業・休暇」の取りやすさは、まだこれからです。しかし政府は2016年「介護離職ゼロ作戦」を「ニッポン一億総活躍プラン」に盛り込みました。社内で要職にいた50代が介護離職すれば、企業にも大きな損失であることを認識すべきです。

高齢者に対する虐待の加害者は、男性が7割近くで、息子が4割以上。男性が介護という営みに弱く、虐待の危険に近いことを物語っています。

男性介護者には、相談できる相手や環境の整備など、一層の配慮が必要です。

希望は地域にあり

――わが国の高齢者・介護政策の在り方は?

各国で長寿化が進み、「地球まるごと高齢化」の時代。日本は、高齢者先進国のトップランナーです。経済予測などに比べ、はるかに正確な人口予測に基づいた社会制度の変革が必要です。

「高齢者を支える人口が騎馬戦型から肩車型に変わる」といいますが、既に財政は逼迫し、政府の介護政策は「施設から在宅へ」の方針が明らかです。税収の改善には、女性が働き続けられる制度の構築も不可欠でしょう。ただし、介護者が幸せでなかったら、要介護者も幸せにはなれません。そこで私は「ワーク・ライフ・ケア・バランス」を提唱しています。

近年、政府も企業もが「仕事と生活の調和」を推奨し、男性の育児への参加が盛んになっています。育メン・育ボスも普及してきました。私は、「ワーク」「ライフ」「ケア」を加えた三本柱の生き方が必要だと思うのです。

大介護時代は、人間の命を支える〝総力戦〟。人類未到の長寿社会のモデルを示すため、あらゆる世代が協力する「絆」が求められています。

――〝総力戦〟のキーワードは何でしょうか。

それは「地域」です。地域による支援は、無縁社会を有縁・有援にする〝希

望の星〟です。血縁でなくても支え合う社会です。

住民や企業が積極的に「買い物難民」を支え、「孤独死」を防ぐ地域活動も見られるようになりました。男の料理教室などが介護予防や生きがいにもなっています。また、厚生労働省が進める「地域包括支援センター」の充実も期待がもてます。

長生きを心から喜べる社会――後の世代が幸せになれるよう、私自身、人生100年への祝福と挑戦を続けています。

ひぐち・けいこ

◆

1932年、東京都生まれ。東京大学文学部卒業。時事通信社、学習研究社、キヤノン株式会社を経て、評論活動に入る。東京家政大学名誉教授。女性未来研究所長。NPO法人「高齢社会をよくする女性の会」理事長。著書に『女、一生の働き方』(海竜社)、『人生百年　女と男の花ごよみ』(NHK出版)、『祖母力』(新水社)、『大介護時代を生きる』(中央法規出版)など多数。

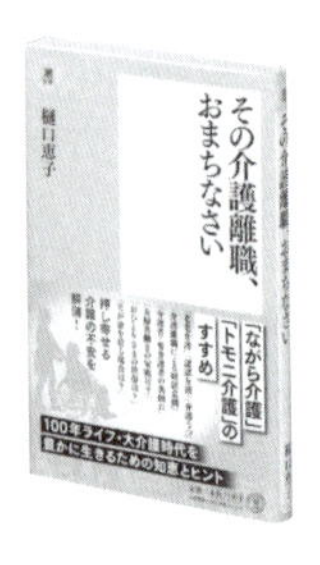

『その介護離職、おまちなさい』
(潮新書)

料理研究家 村上祥子（むらかみさちこ）さんに聞く

おいしい介護食（かいごしょく）

料理研究家の村上祥子さんが考案した、
食べる力（ちから）が衰（おと）えた人向けの
レシピ集『ふたりのおいしい介護食』（女子栄養大学出版部）。
自宅でも、おいしく安全に食べられるようになる
調理法を村上さんに聞きました。

いつもの料理で

かむ力・飲み込む力が低下した人でも、「おいしい料理・いつもの料理が食べたい」という願いは切実です。私も30代後半で口の手術を受け、食べることが困難になった時に実感。その体験をもとに月刊誌『栄養と料理』で連載したレシピ等を1冊にまとめました。

今回は、比較的に障がいの軽い人を対象に、通常の料理を軟らかく煮たり、切り方を小さくしたり、むせないようにとろみを付けたりします。ただし、どんな料理も小さい方が食べやすいとは限らないので、注意が必要です。

例えば、肉団子。同じ量を食べるなら、小さくするほど個数が増えて表面の硬い部分も増え、中の軟らかい部分が減ってしまいます。反対に、大きな肉団子を素揚げして煮込むと、表面は軟らかく中もふっくらジューシー。器の上で崩しながら食べると食欲をそそられるでしょう。

食べる力が衰えても、本人の味覚や好みが大きく変わるわけではなく、今までの料理を食べたいと思うのが人情。介護食は、おいしく安全に食べられることも大事ですが、いつもの料理を一工夫して、いかに〝食べる意欲〟を引き出すかがポイントです。

しっかり食べる

献立は「主菜」「副菜」「主食」「汁物」の大きく四つに分類して考えます。主菜のタンパク質食品は、肉や魚、卵など。中でも豆腐は飲み込みやすいので介護食に向いています。鍋に重曹水（水1カップに対して、重曹小さじ1／3）を沸騰させて豆腐をゆでると、とろけるような舌触りに。肉みそなどとよくからみやすくなります。

1食当たりの量はタンパク質食品が50グラム。副菜の野菜、きのこ、海藻などは1.5倍の75グラムが目安。消化器の力が弱った高齢者は、野菜が多いと消化に時間がかかり、次の食事までおなかがすきにくくなるので注意してください。

葉野菜をゆでても硬い場合には、重曹水でゆでて繊維を軟らかくし、縦方向に包丁を入れたりする工夫を。セロリやピーマン等は丁寧なみじん切りでなく、不ぞろいの方がかみやすく、食塊（飲み込む形）を作りやすいでしょう。

主食の基本は、軟飯やおかゆで、1食150グラムが目安。通常のご飯は水分量が60％、軟飯は75％、おかゆは83％程度ですが、本人の状態に合わせて調整してください。

汁物は、みそ汁にとろみを付けて具だくさんにすれば、栄養満点の一品に。人は何歳になっても、しっかり食べることが生涯現役の秘訣です。

煮込みつくね

〈材料〉2人分

鶏ひき肉…100グラム
[A]
　長芋(すりおろす)
　…30グラム
　パン粉…大さじ2
　塩…小さじ1/6
[B]
　しょうゆ・みりん・砂糖
　…各大さじ1
　水…70ミリリットル
ホウレン草…60グラム

〈作り方〉

❶ホウレン草は半分に切って耐熱ボウルに入れ、水大さじ2(分量外)を加える。両端をあけてラップし、電子レンジ(600ワット)で2分、やわらかくなるまで加熱。水にさらしたら水気を絞り、細かく刻む。

❷フードプロセッサーに鶏ひき肉と[A]を入れ、なめらかになるまでかき混ぜる。2等分し、手にサラダ油を少量付けてハンバーグ形にまとめる。

❸耐熱ボウルに[B]を入れて混ぜ、❷を加える。両端をあけてラップし、電子レンジで4分加熱する。

❹器につくねを盛って煮汁をかけ、ホウレン草を添える。

ほうとう風みそ汁

〈材料〉2人分

うどん（乾麺）…40グラム
カボチャ・ニンジン・
ダイコン…各50グラム
だし…1と1／2カップ
みそ…大さじ1
[A]
　片栗粉…小さじ1
　水…小さじ2
小ネギ（小口切り）…少量

〈作り方〉

❶うどんは長さ2センチに折る。沸騰した湯でゆでたら水で洗い、水気を切る。
❷カボチャは皮をむき、種とわたを除き一口大に切る。ニンジンとダイコンは乱切り。以上をフードプロセッサーに入れ、みじん切りにする。
❸鍋に重曹水（水1カップに対して重曹小さじ1／3）を沸騰させて❷をゆで、ざるに上げる。
❹別の鍋にだしと❶❸を入れて中火にし、うどんが軟らかくなるまで煮る。みそを溶いて一煮立ちさせ、[A] を加えてとろみを付ける。
❺器に盛り小ネギを散らす。

※写真はチキン南蛮、ひじきの煮物、全がゆを加えた献立。

豆腐のひき肉みそかけ

〈材料〉2人分

絹ごし豆腐…160グラム
豚ひき肉…50グラム
酒…大さじ1
[A]
　水…大さじ1
　砂糖・みそ・酒
　…小さじ1
　おろしにんにく
　…小さじ1 ／ 5

〈作り方〉

❶耐熱ボールに豚ひき肉と酒を入れ、ボールの両端を少しずつあけてラップをかける。電子レンジ（600ワット）で1分加熱する。蒸し汁ごとフードプロセッサーに入れ、そぼろ状に攪拌し、耐熱ボールに戻し入れる。
❷❶に[A]を加えて混ぜ、ふんわりとラップをかけ、電子レンジ（600ワット）で1分加熱する。
❸なべに重曹水（水1カップに対して重曹小さじ1 ／ 3）を沸騰させ、豆腐を入れ、ゆらゆらと動き始めたら火を消す。
❹器に湯をきった豆腐を盛り、❷をかける。

出典：「ふたりのおいしい介護食」（女子栄養大学出版部）

むらかみ・さちこ

料理研究家。管理栄養士。福岡女子大学で栄養指導講座を担当。油控えめでも短時間に調理できる電子レンジに着目し、糖尿病や生活習慣病の予防・改善に効くレシピを考案。電子レンジ調理の第一人者となる。「ちゃんと食べてちゃんと生きる」をモットーに国内外で活躍。「食べ力」を身に付ける食育指導に情熱を注ぐ。著書多数。

（写真は著書から。撮影・南雲保夫）

『ふたりのおいしい介護食』

社会福祉法人小田原福祉会　会長
一般社団法人24時間在宅ケア研究会
名誉会長
時田 純さんに聞く

市民を介護で困らせない

「定期巡回・随時対応型訪問介護看護」で在宅療養を支える

高齢者を在宅で最期まで支えるために、
多様な介護事業を展開する
社会福祉法人「小田原福祉会」（神奈川県）。
同法人の会長と「24時間在宅ケア研究会」名誉会長を
務める時田純さんに、これまでの取り組みや
「定期巡回・随時対応型訪問介護看護」に
ついて聞きました。

自宅で暮らし続けるため

厚生労働省が2017年に発表した調査によると、65歳以上の高齢者がいる世帯は、単独世帯が約27%、夫婦のみの世帯が約31%で、合わせて約6割に増加。家族だけでの在宅介護は、ますます困難になりつつあります。

高齢者が要介護状態になると、自宅での生活が不自由となり、介助が必要に。最も頼りになる介護サービスは、必要な時に訪問してくれる訪問介護でしょう。

しかし、これまで訪問介護は①早朝や夜間は訪問してくれない②訪問する介護と看護の専門家同士が連携していない③定期巡回や、必要な時に訪問してもらう随時訪問がない――など、在宅療養を24時間支える施策が十分ではなかったのです。

そこで、12年に創設されたのが「定期巡回・随時対応型訪問介護看護」と

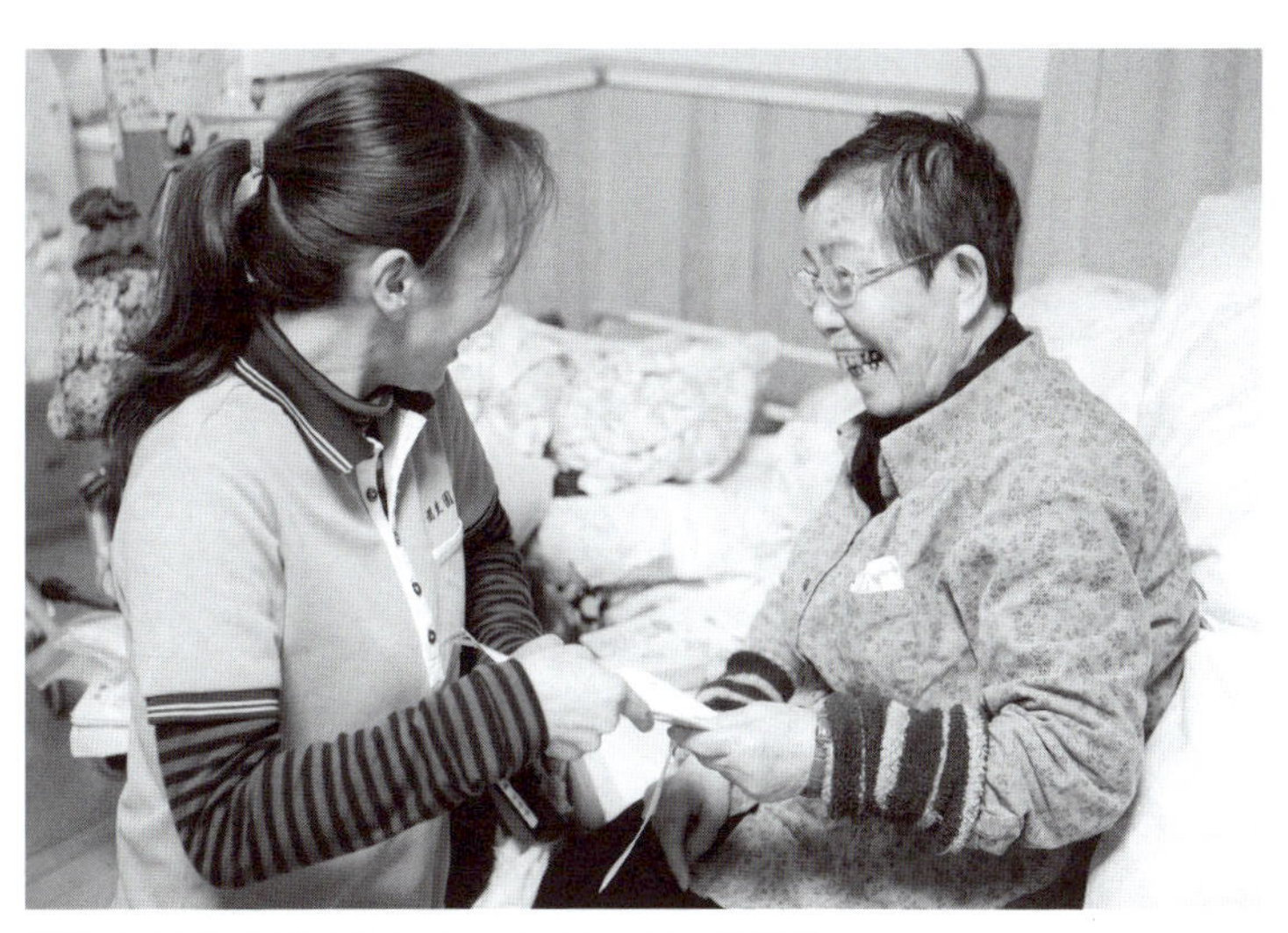

高齢者の〝生をうるおす〟かのように明るく語り掛ける
訪問介護員（㊧、写真はすべて小田原福祉会提供）

いうサービス。これは①早朝や深夜も利用可能②介護と看護が連携してサービスを提供③定期的な訪問だけでなく、必要な時に利用できる④費用は要介護度に応じた1、2割負担——など、以前よりも理想的なものになっています。

また、要介護1以上の方には、ケアプランにもよりますが、体調や服薬の管理、排せつ介助なども。利用者宅には通報器が設置され、ボタンを押せば事業所と通話でき、職員による必要なサービスを受けることができます。

訪問介護員が利用者宅へ（写真上）。夜間や急な事態にも対応します（同下）

通報の多くは排せつの失敗や転倒など、急を要するものが多いですが、体調が急変する場合もあるので、スタッフには臨機応変な対応が求められます。

先の厚生労働省の発表によると、このようなサービスを行う事業所は全国

６３３カ所。利用者は１万３８００人で、約５割は要介護３以上の方とのこと。利用者のうち約７割が単身高齢者で、約２割が老夫婦の世帯となっています。

厚生労働省は、この「定期巡回・随時対応型訪問介護看護」を〝在宅介護を支える基幹的サービス〟と位置付け、13年度には利用者５万人を想定し普及に努めました。しかし、サービス創設から５年が経過した17年度の推計では、全国１５７９の保険者（市町村）のうち、実施しているのは５３７（35％）に過ぎません。他の市町村は「介護保険事業計画」に、このサービスを取り入れていないのでしょう。

同計画は、市町村が３年ごとに財源の範囲内で策定しますが、サービスを提供する事業者が、その地域にいないため実行できないのではないかと思われます。

現状は訪問介護事業者の多くが小規模経営で、毎日24時間の対応ができるだけの人材確保や、質の高いサービスを提供するために研修を行うのが難しく、できない事業者がほとんど。なかでも、他者への献身の心を持った訪問介護員を得ることは困難です。

独自で人材を養成・確保

私たちの法人では、1992年に県の認可を受けて独自で「訪問介護員養成研修事業」を行い、実践的な人材を育ててきました。500人を超える介護職員には、当法人が育成した人材が多く、理念の共有が図られているのも強みです。

法人内に早い段階から「人材育成センター」を設置し、複数の専任職員を配置。年間プログラムによる研修で、質の向上に努めてきました。現在、介護保険事業には、ビジネスとしての安定性・安全性が強く求められています。あらゆる産業から参入し、経営環境は厳しさを増していますが、人間の「生老病死」に関わる仕事である以上、本質的には〝職員の人格〟が経営の基盤であると考えています。

当法人の特別養護老人ホームは、県の「かながわベスト介護セレクト20」を2年連続で受賞。介護の〝質の高さ〟は自負しています。

こうした評価は海外にも広がり、近年は韓国や中国などから見学者が訪れ、現地での講演依頼も増加。世界に先駆けて高齢化する日本での介護の取り組みは、国際交流のきっかけにもなるのです。

利用者宅のコールボタンを押せば、
24時間いつでも通話できる

当法人は、すでに40年以上活動し、福祉や介護制度のない時代から、介護で困難を抱える人々を見捨てることなく、ボランティアで〝施設ぐるみ〟の多彩なサービスを創ってきました。これらのサービスの多くは、やがて制度化されていきました。現在の社会的な課題は「地域包括ケアシステム」の構築ですが、その実現には困難が伴うでしょう。

私たちは、これからも「市民を介護で困らせない」ために、社会貢献に努めたいと思います。

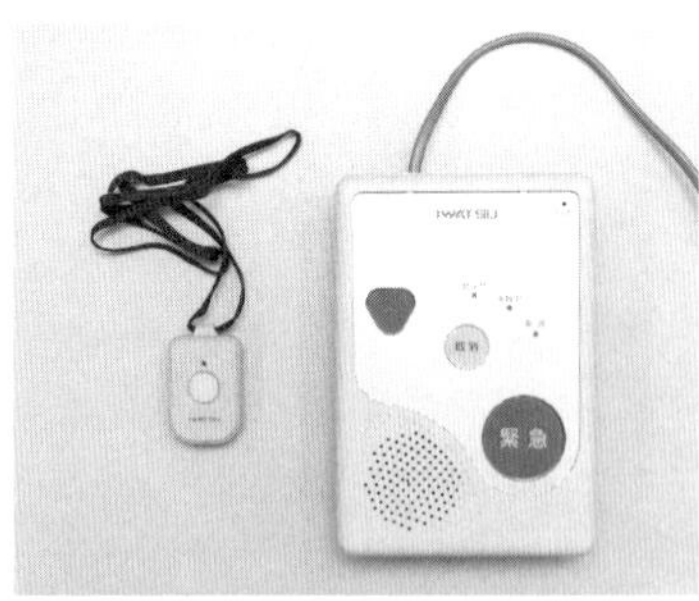

利用者宅に設置する通報装置㊨とペンダント型の子機

配食メニューは利用者の健康状態も考慮

ときた・じゅん

◆

社会福祉法人小田原福祉会会長。一般社団法人24時間在宅ケア研究会名誉会長。1978年から特別養護老人ホーム「潤生園」を運営。小田原市を中心に28拠点を展開している。早くから「ターミナルケア（＝治癒の見込みのない死を間近にした人の、生命の終焉に関わる援助）」に取り組むなど、その取り組みは社会的にも注目を集め、国が進める「地域包括ケアシステム」のモデルケースとなっている。

シニアエクササイズ特集③

和歌山大学教育学部教授 体育学博士 本山 貢さんに聞く

基本的トレーニング

（スクワット）

椅子の前方に座り、背もたれから離れる。脚を肩幅程度に開き、かかとを椅子の脚元まで引いて、立ち上がりやすくする。両手を胸の前で組み、肘を胸に付ける

「スクワット」は、大腰筋と大腿四頭筋、太もも背面のハムストリング、お尻全体の大殿筋など、下半身の多くの筋肉を同時に鍛えます。

初めに、「太もも持ち上げ」と同じように座り、両手を胸の前で組みます。脚を肩幅程度に軽く開き、立ち上がりやすくします。

少しだけ前かがみになって、真っすぐ上方向に4秒かけて立ち上がり、膝をゆっくりと伸ばします。そして、4秒かけてゆっくりと座り、元の状態に戻ります。できるだけ動きを止めず、滑らかな動きで行います。

両手を胸の前で組んで立ち上がると、負荷が増し、膝への負担が大きくなります。負荷が大きすぎる場合は、腕を組まずに両手を体の側面に伸ばすか、両手を膝の上に置くなど、膝への負担を軽減しましょう。

また、椅子を高くすると動作が容易で、膝への負担が軽くなります。座布団を敷くなど、高い位置からスクワットしてもよいです。自分の体力に合わせて行うことが、トレーニング効果を大きくします。

さらに「いち、に、さん、し」と声を出しながら、ゆっくりと滑らかな動きを心掛けます。

無理なく毎日行えば〝筋肉年齢〟の若返りを感じるでしょう。

（④は、78ページ）

介護アドバイザー 横井孝治さんに聞く

親ケアのすすめ

すべての出会いが〝贈り物〟

自分と親が、お互いに無理なく
介護生活を送るためにできることは何か――
泣き笑いの介護体験『親ケア奮闘記』(第三文明社)も
発刊した、介護アドバイザーの
横井孝治さんに聞きました。

突然の出来事に備え

一人息子の私は、学生時代に三重県の実家を出て、大阪へ。そのまま関西で就職し、妻と娘の3人で暮らしていました。

仕事や育児に忙しくも充実した日々。すべてを変えたのは、母からの一本の電話でした。

母は「すべてを失ってしまった」「何も分からない」と叫び、父の「母さん、落ち着いてくれ」という声が遠くに聞こえました。私が「すぐに実家に帰る」「病院に連れて行く」と言うと父に拒

まれ、電話で連絡を取り合うことに。2001年、34歳の時の出来事です。母には統合失調症と思われる幻聴などの症状があり、父にも認知症の兆候が。老親だけの生活はままならなくなり、私の遠距離介護が始まりました。

突然の親の介護――実は、これは誰にでも起こり得るものです。厚生労働省によると、要介護状態になる原因の第1位は、認知症。本人が症状を隠しがちで、周りの家族にしてみたら突然発症したように感じられるものです。第2位の脳血管疾患（脳出血や脳梗塞など）も、急に発症する病気の代表的なものと言えます。

私は何も心の準備をしていなかったため、手探りと独学で介護をスタート。社会福祉や介護保険の制度など、前もって知っていればスムーズにできたことも多々ありました。

平均で男性は9年、女性は12年ともいわれる介護期間。長丁場に耐えられるよう、早めに準備しておくのが賢明です。

お金と場所も考える

高齢者介護の要介護者には、主に八つのパターンがあります。①自分の父親②自分の母親③配偶者の父親④配偶者の母親⑤自分のきょうだい⑥配偶者のきょうだい⑦自分⑧配偶者――それぞれ、誰がどこまで関わるのかを考えましょう。

忘れてはならないのが〝お金の話〟です。親の資産や収入等は聞きにくいものですが、「要介護者の〝財布〟で介護する」ことを勧めます。心身の負担が大きい介護者に、金銭面の負担を強いるのは酷です。介護殺人などの原因には、金銭面の行き詰まりによるものが多いのです。

変な聞き方をすると親に心配される恐れがあるため、「お父さんの将来のことを真剣に考えたいから、お金のことを教えてほしい」など、直球で質問するのが一番です。

どこで介護するかを決める要因には、次の五つが挙げられます。①要介護者の状態②家族の〝介護力〟③地域の支援体制④費用と支払い能力⑤要介護者の希望――これらを基に「在宅か施設か」などを判断しましょう。

ポイントは、最初から「⑤要介護者の希望」を優先しないこと。介護家族の一人一人にも生活や仕事があり、親との関係性もさまざまです。いかにして介護を乗り切るかが大切なのです。

支援を積極的に利用

高齢者が住み慣れた地域で暮らせるよう、無料で相談に乗ってくれるのが、

地域包括支援センターです。介護や福祉、保健や医療の専門家が解決策を提案してくれるので積極的に利用しましょう。

地域包括支援センターの賢い利用法は、相談前に、①サービス一覧のパンフレットをもらう②パンフレットを見て困っていることを書き出す③困っていることを仕分ける――の三つを行うこと。

仕分けとは「介護職などの第三者に助けてもらう悩み」「家族で話し合って解決できそうな悩み」「我慢するしかない悩み」に分類することです。

相談する時は、なるべく予約し

て認め印を持参。早くサービスを申し込む場合の手続きがスムーズです。要点を的確に伝え、貴重な時間を愚痴に費やさないようにしましょう。

在宅介護の心強いパートナーとなるのが、ケアマネジャーです。

私も母が入院し、父が一人暮らしになった時、Kさんというケアマネジャーと出会いました。Kさんは根気よく私の意向を聞いてくれ、介護保険の申請、配食や見守りサービスなどをアドバイスしてくれました。

さらに、介護されるのを渋る父の説得も。高齢者には「人の世話になるなんて」と、抵抗感が強い人も少なくありません。その際、医療・介護の専門家に説得をお願いするのも一つの方法です。

自分に合うケアマネジャーを見つけられるかどうかも、介護のストレスを左右します。市区町村の介護保険課や地域包括支援センターでケアマネジャーの一覧をもらい、主治医や看護師、実際の利用者などから情報収集をしましょう。

家族の絆を取り戻す

入退院を繰り返すことになった母が3回目の入院したのを機に、私は関西のグループホームや精神病院のお世話になることを決断。4年間の遠距離・在宅介護にピリオドを打ちました。大阪と三重を幾度となく行き来し、他の親族を介護していた妻も50回以上、往来してくれました。

職場では、家族の状況を公表したことで、幸いにも理解と協力を得て、職を全う。そして、自分が知り得た介護の情報を多くの人に共有してもらいたいと思い、会社を設立しました。

現在も施設で暮らす母。父は2010年に他界しましたが、母はそれも忘れ、「父さんは元気かな?」などと問い掛けてきます。

振り返ってみると、介護が必要になった父母と向き合う中で、多くの人との出会いに恵まれたことのすべてが、体を張った両親からの〝贈り物〟だったようにも思います。

何より「家族の絆（きずな）」を取り戻せたことが、私にとって一番の宝となっています。

よこい・こうじ

◆

1967年、三重県生まれ。関西学院大学への入学を機に親元を離れ、大阪で暮らす。印刷会社のコピーライターや宣伝・販促プランナーを経て、2006年に（株）コミュニケーターを設立。介護情報サイト「親ケア.com」などを運営する。All About「介護」をはじめ、各メディアで活動。著書に『親ケア奮闘記』（第三文明社）、監修に『40代から備える親の介護&自分の介護』（世界文化社）がある。

『親ケア奮闘記』

和歌山大学教育学部教授 体育学博士 本山 貢さんに聞く

シニアエクササイズ特集④

基本的トレーニング

（立位もも上げ）

椅子の背もたれに両手、または片手をつく

「立位もも上げ」は、持ち上げる脚と支える脚を同時に鍛え、体のバランス能力も高めます。

まずは立位の姿勢で、椅子の背もたれに両手、または片手をつきます。背筋を伸ばして姿勢をよくし、膝を上方向に持ち上げます。太ももが床と平行になるのを目指しますが、最初は無理せず、軽く持ち上げる程度でもいいです。

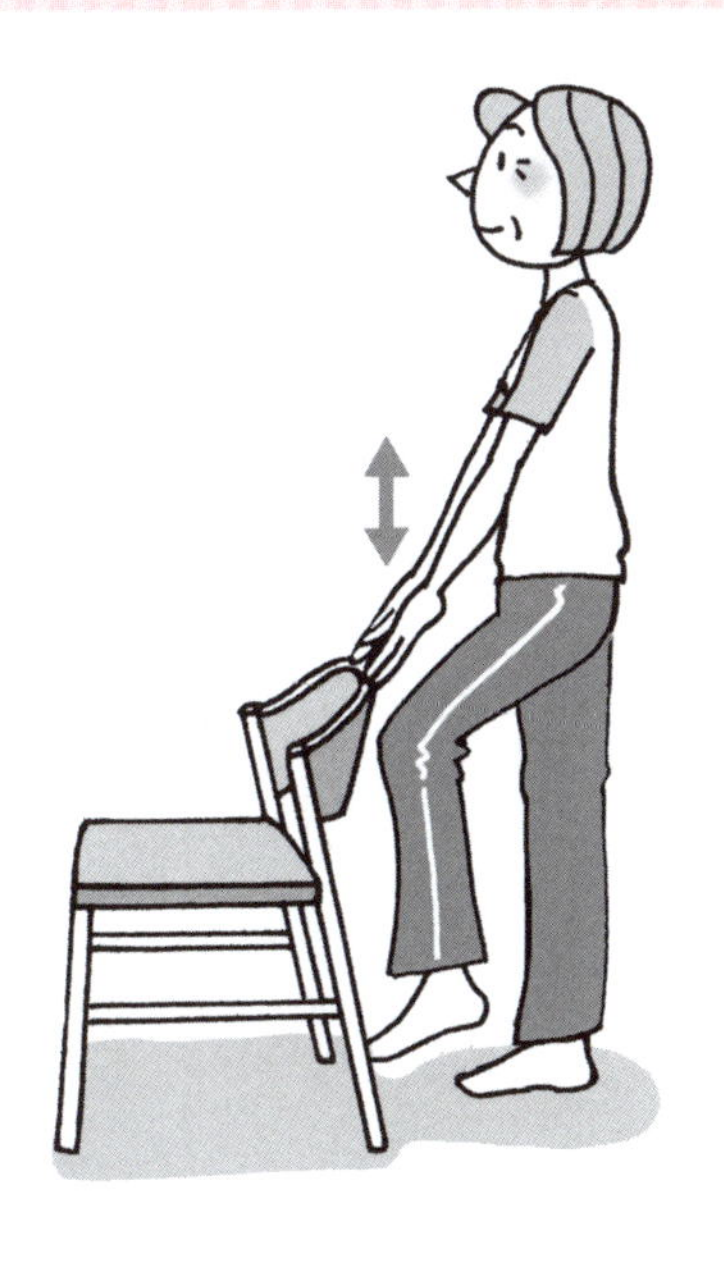

太ももが床と平行になるように、ゆっくりと膝を上に持ち上げる

椅子に座って膝を持ち上げる運動よりも負荷が大きく、支える脚の方がきつくなりやすいため、自分の体力に合うように膝の持ち上げる高さを調節しましょう。足首に力が入り過ぎないようにもしてください。

トレーニングを始めて最初のころは両手で体を支え、バランス能力が高まったら、椅子から片手や両手を離して支え方を変えます。筋力のない状態で手を離すと、バランスを崩しかねないので気を付けてください。

同じ脚の膝を4秒かけて持ち上げ、4秒かけて元の状態に戻す運動を10回繰り返します。

（⑤は、100ページ）

全国マイケアプラン・ネットワーク 代表 島村八重子さんに聞く

自分らしいケアプランに

事前に状況と希望を整理

介護が必要になっても、
自分らしく暮らすためには――
介護保険のケアプラン（介護サービスの利用計画）の
立て方について、
全国マイケアプラン・ネットワーク代表の
島村八重子さんに聞きました。

介護者は満足でも

2000年に介護保険制度が始まる以前に、わが家では義父を介護していました。

脳梗塞を患い、寝たきりで退院した義父の暮らしは、それまでとかけ離れたものに。予定はすべて、介護者と介護・医療の専門職で決め、義父は蚊帳の外でした。

医療・保険・障害者・高齢者福祉制度で用意されたサービスを最大限に使い、家で看取ることもでき、介護者にはある意味で満足感もありました。

ところが時がたつにつれ、私には「義父の人生の最終章にふさわしい暮らしだったのだろうか」

という疑問が。「最期まで自分らしく生きたと言えないのではないか」とさえ思うようになりました。

やがて、介護保険制度で義母が要介護1と認定された時は、それまでの暮らしを継続させるために介護サービスを使おうと決意。ケアプランは義母と初対面のケアマネジャー任せではなく、自分たちで考えた方がいいと思い、自己作成をすることにしました。

ケアプランの自己作成については、各地の地域包括支援センターでアドバイスを受けられることになっています。

わが家では、義母は料理が好きだったので、献立作りや買い物は義母が行い、調理はヘルパーが。最後の味付けは義母

が行いました。

また、人との交流はデイサービス通いでなく、玄関先にベンチを設置。住み慣れた地で知り合いの方々と〝井戸端会議〟を楽しんでいました。おかげで最期まで自分らしく過ごせたと思います。

利用者が主体的に

「マイケアプラン」とは、自分らしいケアプランのことです。自己作成はその一部分に過ぎません。自分で作成しても、ケアマネジャーと一緒に考えても、本人や家族が主体的に関われば、それは自分だけのマイケアプランなのです。

そもそも、介護保険制度は自己選択・自己決定による、「利用者が主体」という考えが原則。ただ、介護サービスを使うには、サービス内容や事業所の情報、申請手順など多くの知識が必要です。

その専門家として居宅介護支援事業所にケアマネジャーがおり、実際には99％以上の利用者がケアプランの作成を依頼しています。

〝介護の伴走者〟ともいえるケアマネジャーは、ケアプランを立てる際、本人や家族の話を聞き、その人に合ったプランを考えてくれます。

しかし、何人もの利用者を受け持つため、時間内に相手の価値観や本音を引き出せるとは限りません。従って、本人や家族はケアマネジャーと会う前に次のことを整理しておくといいでしょう。

①家族構成②これまでどんな暮らしをしてきたか。人生歴③1週間の暮らし方④本人の性格⑤人との付き合い方⑥好きなこ

と・苦手なこと、趣味⑦自分でできること・できないこと⑧家族は介護にどう関わるか⑨これからのわが家の方針⑩どんな暮らしをしたいか⑪そのために支障となることは何か——など。

全国マイケアプラン・ネットワークでは、これらを整理して書き込む冊子『あたまの整理箱』を発行していますので活用してみてください。

人それぞれ異なる

納得のいくマイケアプランを作るコツを紹介します。

①最初のケアプランが完璧と思わない……プランは毎月更新で進化させるもの。実際に暮らして具合が悪ければ、翌月に修正しましょう。

②初めは必要最低限の介護サービスで……最初から目いっぱい利用すると疲れます。物足りない程度から始め、慣れて必要ならば増やします。

③皆で考える……ケアプランは本人や家族、専門職らと一緒に作るもの。

意見が違うのは当たり前。時間をかけて歩み寄る過程が大切です。

④ケアプランが目障りではない生活に……デイサービスやヘルパー訪問などがプランに振り回されたものでなく、利用者の生活リズムに合ったものであれば大成功です。

また、プランの作成では、次の〝陥りやすい落とし穴〟にも注意しましょう。

①お買い物ゲームになってしまう……保険適用の範囲で効率よくサービスを使うのは大切ですが、限度額が余っているからといって不要なものまで使うのは本末転倒です。

②ジグソーパズルになってしまう……時間が空いているとサービスを組み入れたくなるかもしれませんが、それで疲れないのか再考を。生活リズムを大切にしましょう。

③自分に殻を作ってしまう……1人で考えてばかりいると視野が狭くなりがちです。周りの人の知恵や助けを借りると、解決への思いがけない道が開けることもあります。

——一人一人が違う人生を歩んできたように、要介護でもどんな暮らしがしたいかは人それぞれ異なります。自分が大切にしたいことは何かを考え、実践できる介護生活を目指しましょう。

〝納得プラン〟を作るコツ

1 最初のケアプランが完璧と思わない
2 初めは必要最低限の介護サービスで
3 皆で考える
4 ケアプランが目障りではない生活に

作成で陥りやすい落とし穴

1 お買い物ゲームになってしまう
2 ジグソーパズルになってしまう
3 自分に殻を作ってしまう

しまむら・やえこ

◆

1977年、東京女子大学卒業。義父の在宅介護と看取りを経験し、2000年から義母の介護で、15年からは実母の介護でケアプランを自己作成。01年、全国マイケアプラン・ネットワークを設立。ケアマネジャーとの関わり方、自己作成の注意点などをアドバイスしている。著書に『介護のための安心読本』(春秋社)など。

全国マイケアプラン・ネットワーク発行
『あたまの整理箱』

一般社団法人
全国福祉用具専門相談員協会
理事長
岩元文雄（いわもとふみお）さんに聞く

福祉用具の選び方

専門相談員を活用しよう

介護用（かいごよう）ベッド（特殊寝台）や車いすなど、
福祉用具を使う人をサポートする
福祉用具専門相談員について、
一般社団法人「全国福祉用具専門相談員協会」理事長の
岩元文雄さんに聞きました。

事業所に2人以上

——福祉用具専門相談員は何をする人ですか。

介護保険の居宅サービスには、福祉用具の貸与・販売があります。対象の福祉用具は介護用ベッド、車椅子、歩行器などですが、それぞれ多くの種類があるため、利用者の体の状態や家の環境に合った物を選び、安全に使えるようアドバイスしています。

介護保険では、福祉用具に関わる業務を行う人として、福祉用具専門相談員（以下、専門相談員）を事業所に2人以上配置することが義務付けられています。福祉用具を利用している人ならば専門相談員に会っているはずですが、残念ながら、その認識はケアマネジャーやヘルパーなどに比べて低いのが現状です。

なお、指定の講習を受けた専門相談員のほか、介護福祉士や理学療法士、看護師なども専門相談員の業務に当たることができます。

状況や目的を考え

——どのように福祉用具を選ぶのですか。

専門相談員は、利用者が自立した生活を目指せるように「福祉用具サービス計画書」を作成します。この計画書には利用者や家族から伺った、①生活の中で困っていること②福祉用具を使ってこんな生活がしたい、といった内容を基に、③本人に適した福祉用具の品目や機種④選定理由⑤利用するうえでの留意事項、などが書かれています。

これを読むと「この福祉用具を使うと、こんなことが自分でできるようになるんだ」「自分の体や住まいの状況から、この用具が選ばれたのだな」といったことが分かるでしょう。

介護保険は、利用者本人の主体的な選択が基本ですが、多くの人が福祉用具を使った経験のない中で、自分一人で用具を選ぶのは困難です。

例えば、車椅子でも機能・特性・重さ・大きさ等はさまざま。利用者の中には、関節の拘縮で付属品が必要だったり、外出の機会を増やすために軽量タイプが最適だったりする場合もあり

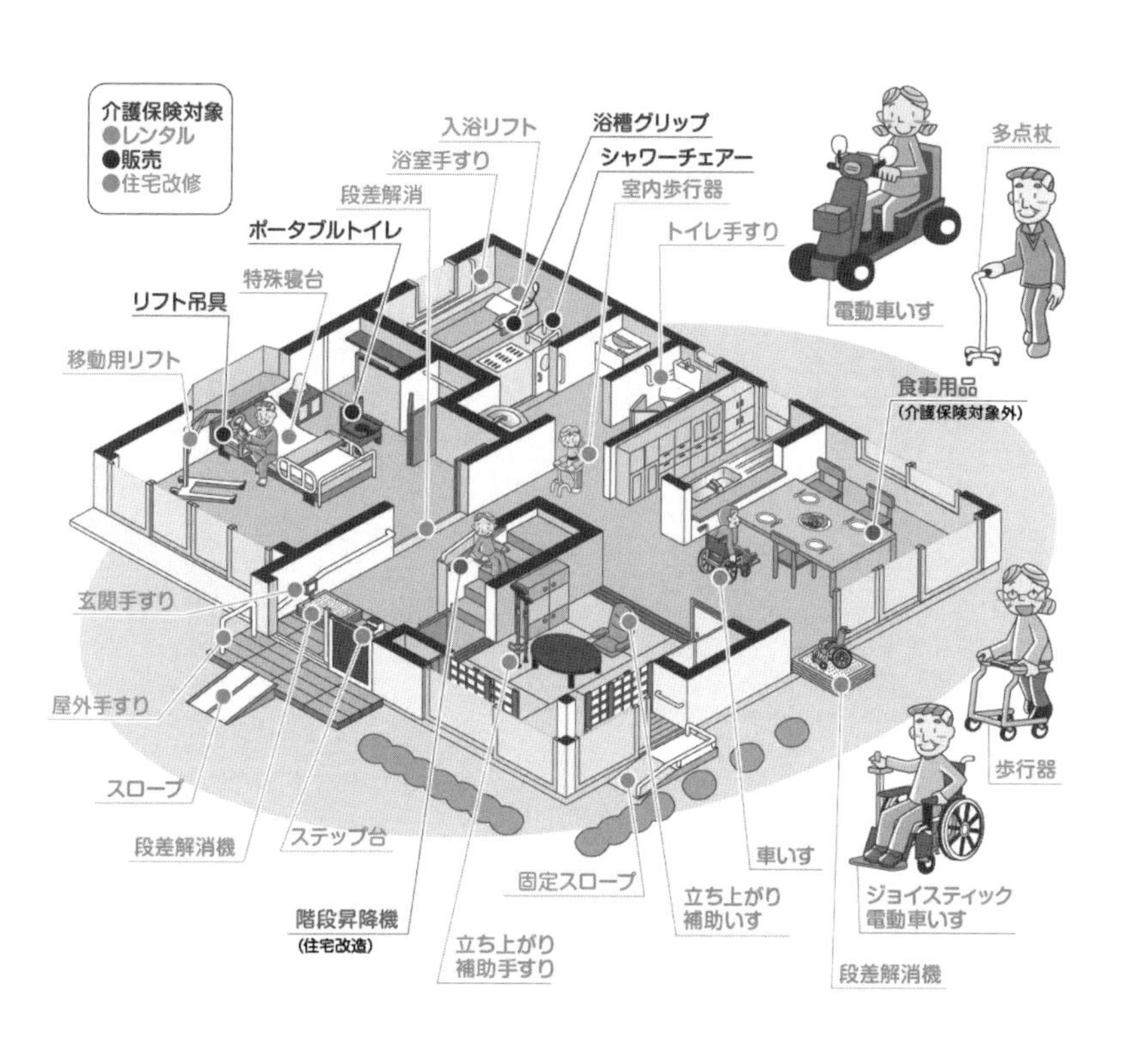

イラストは、(株)カクイックスウィング提供

ます。

ポイントは〝介護者が介護しやすい〟という観点だけで選ばないこと。利用者の状況や目的に合った用具を選べるよう、知識が豊富な専門相談員とよく話し合いましょう。

（注）2018年4月から、利用者本人の主体的な選択を後押しする複数の提案が専門相談員に義務付けられいます。

抵抗感をなくす

――福祉用具を使うことに

抵抗感がある場合は?

　福祉用具の利用をためらう心理的な阻害要因は、一般的に大きく二つあります。

　一つ目は、本人が〝できなくなった自分〟をまだ受け入れられないケース。人によって期間の長短はありますが、誰にでもあることです。

　実際はできなくなったのに「できる」と言うこともあるでしょう。そんな時、周りが福祉用具を勧めてもなかなか聞き入

れてもらえません。

専門相談員は、本人が〝自分の弱い部分〟を話せるようになるまで信頼関係を築き、やりたいことを伺います。庭の手入れや、孫と遊ぶ、トイレに1人で行く、台所で料理したいなど、本人の願いを実現するために福祉用具の利用を勧めると、聞き入れてもらいやすくなります。

二つ目は、介護者や利用者の固定観念によるケース。機械への苦手意識や、人の手による介護が〝いい介護〟といった考えが挙げられます。

例えば、ベッドから車椅子に移乗する時や、入浴時などに使う「移動用リフト」は、怖い・危ない・冷たく見えるといった捉え方をしている人が少なくありません。実際は人の手で行うよりも安全で、介護者の腰痛予防につながる便利な物です。無理なく在宅介護を続けるためにも、利用の検討をお勧めします。

定期訪問で確認

――福祉用具を使い始めた後の注意点はありますか。

専門相談員が利用者の状況を確認するために自宅を定期訪問（モニタリング）しますので、不具合や不満は遠慮なく伝えてください。

利用者は、他の用具と使い比べていないと不満が出にくいものですが、体に合わないまま使い続けると状態が悪化する恐れも。最近おっくうになってきた等があれば、ぜひ教えてほしいと思います。利用者や家族が気づいていない問題点や注意事項について、専門相談員の視点でチェックさせていただきます。

また、福祉用具の利用は、実現したい生活（目標）を達成するためなので、利用者の意欲や行動が増していなければ再検討も必要でしょう。

福祉用具は導入したら終わりではありません。定期的に利用状況を確認し、利用者の気持ちに寄り添いながら、適した用具を提案するのが専門相談員の役割なのです。

いわもと・ふみお

◆

1964年生まれ。88年、青山学院大学卒業。92年、鹿児島県にあるカクイわた基準寝具株式会社（現・株式会社カクイックス）入社。同社の常務取締役などを経て現在、グループ企業の株式会社カクイックスウィング代表取締役社長を務める。一般社団法人「全国福祉用具専門相談員協会」理事長。一般社団法人「日本福祉用具供給協会」副理事長。著書に『福祉用具のちから』（筒井書房）がある。

和歌山大学教育学部教授 体育学博士 本山貢さんに聞く

シニアエクササイズ特集5

基本的トレーニング

横開き脚上げ

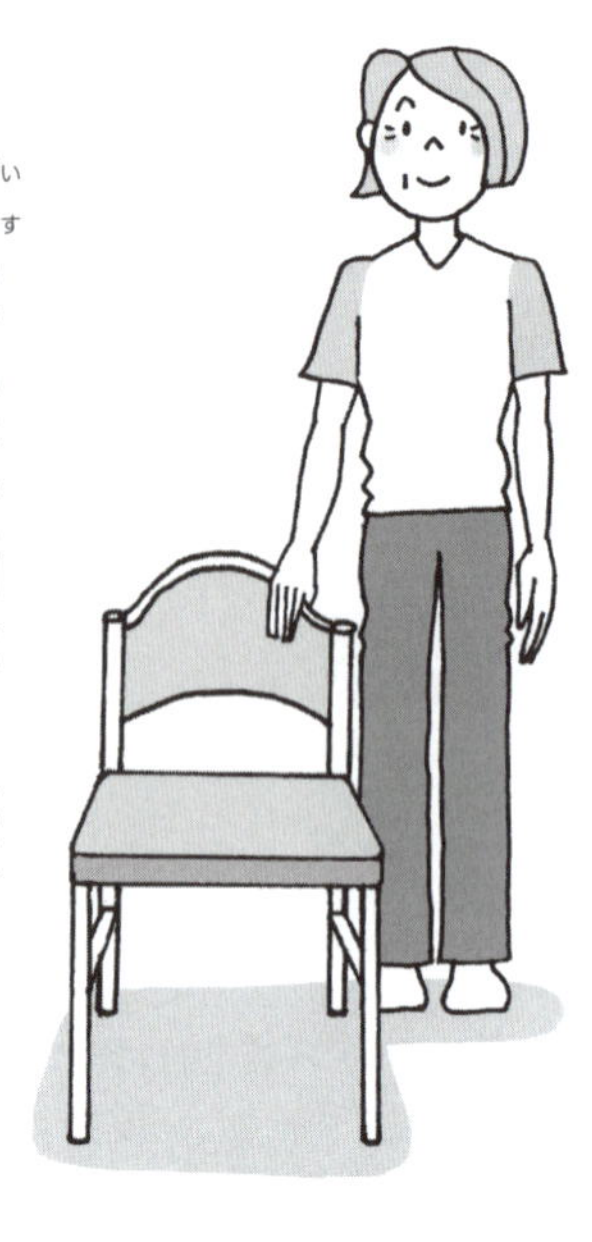

椅子の背もたれに両手、または片手をつく

「横開き脚上げ」は、まず、立位の姿勢で椅子の背もたれに両手、または片手をつきます。

背筋を伸ばして、脚を上げて体の横、もしくは斜め前に出します。最初は脚を軽く上げる程度でもいいです。支えている脚の方がきつくなりやすいので、最初から無理をしないでください。

脚を上げて横または斜め前に出す。体が前や横に傾かないようにする

同じ脚を4秒かけて持ち上げ、4秒かけて元の状態に戻す運動を10回繰り返します。

脚を体の横に上げると脚の外側の筋肉が、斜め前に上げると大腿四頭筋が鍛えられます。トレーニングしたい部位に合わせて行いましょう。

体が前や横に傾いたり、足首に力が入り過ぎたりしないように気を付けてください。

（⑥は、140ページ）

京浜病院　院長 **熊谷頼佳**さんに聞く

認知症 3段階ケア

アルツハイマー型を表情で分類

幻覚や妄想、徘徊、暴力など、
認知症患者の介護で苦労している人は大勢います。
東京・大田区の京浜病院院長・熊谷頼佳さんは、
独自の「認知症３段階ケア」でこれらの症状を改善し、
介護者の負担を軽減。
『認知症予防と上手な介護のポイント』（日本医療企画）を
著した熊谷さんに、その治療・介護法を聞きました。

中核症状と周辺症状

認知症患者の約6割を占める「アルツハイマー型認知症」。その症状は、大きく二つに分けられます。

〝もの忘れ〟に代表される記憶障害、常識や社会ルールを忘れる見当識障害、言葉を忘れる失語、物が何であるかを忘れる失認、物の使い方などを忘れる失行は、認知症で遅かれ早かれ現れる「中核症状」と呼びます。

一方、幻覚や妄想、徘徊、介護への抵抗、焦燥、不潔行動、暴言・暴力などは「周辺症状（BPSD）」と呼びますが、認知症になっても必ず現れるとは限りません。

周辺症状で最も早いのが、被害妄想です。勘違いから〝被害者〟になりきって文句を言い、近くにいる家族を〝加害者〟と思い込むことがよくあります。

現在、医療保険で認められているアルツハイマー型認知症の薬は4種類。

いずれも中核症状をやや改善させるか、病気の進行を2〜3年ほど遅らせることはできますが、完治はできません。

ここで強調したいのは、認知症の介護者が特に苦労することは、「患者の周辺症状によるもの」ということ。私の病院の入院患者は大半が認知症のため、経験的に実感しています。周辺症状が改善すれば、介護が楽になる可能性が高いのです。

自己防衛の「混乱期」

私は患者に適切な治療を行うために、認知症の周辺症状を「混乱期・依存期・昼夢期」の3段階に分類しました。区別するポイントは、顔の表情です。

混乱期の患者は、眉間にしわを寄せ何かにおびえていたり、焦燥感にかられて何かから逃れようとしたりしています（図1参照）。

睡眠不足などが原因で、体は目覚めているのに脳は眠りかけている状態の

(図1)混乱期

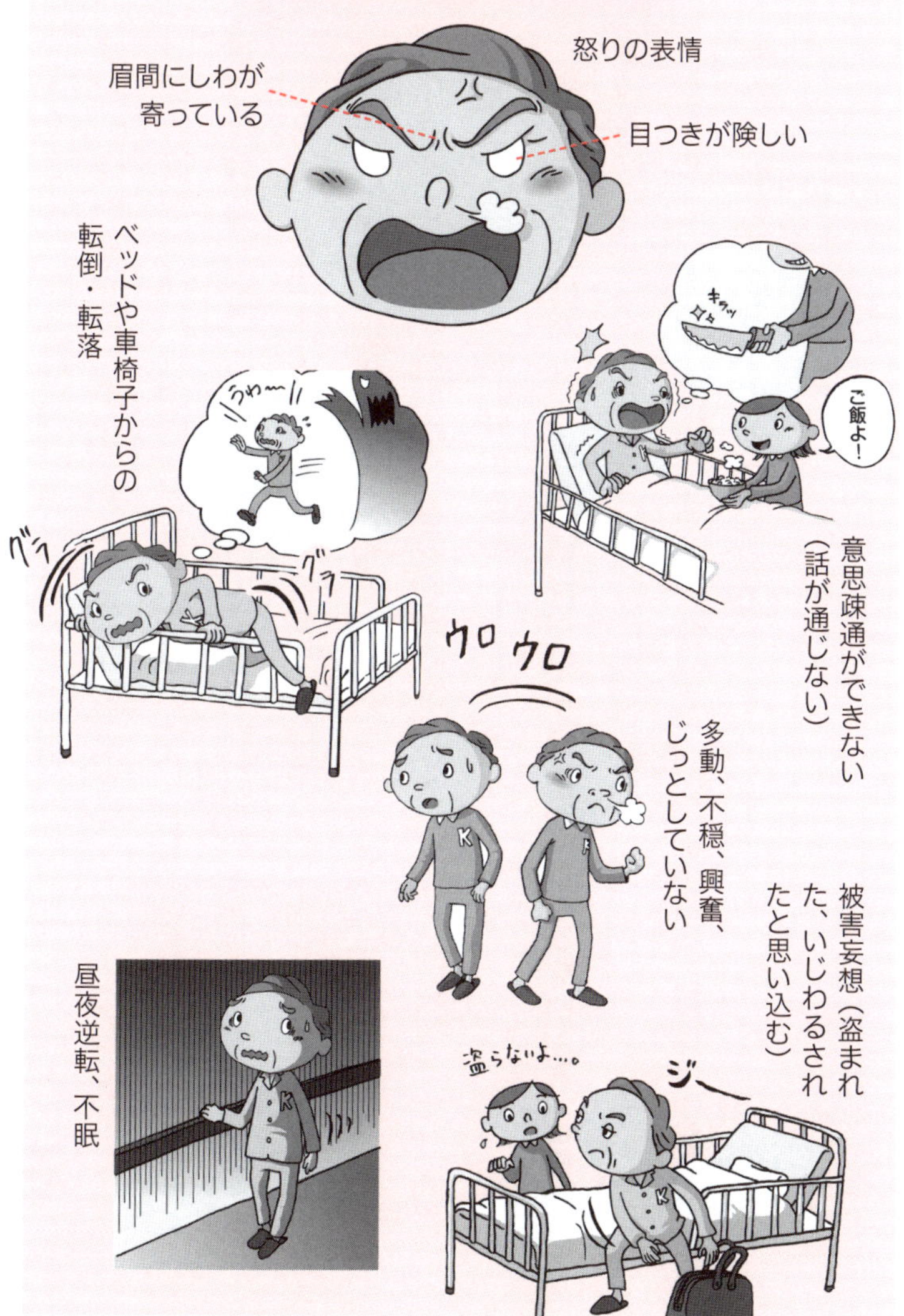
怒りの表情
眉間にしわが寄っている
目つきが険しい
ベッドや車椅子からの転倒・転落
うわ〜
グラ
グラ
ご飯よ!
意思疎通ができない(話が通じない)
ウロウロ
多動、不穏、興奮、じっとしていない
被害妄想(盗まれた、いじわるされたと思い込む)
盗らないよ…。
ジー
昼夜逆転、不眠

「せん妄」という意識障害がよく見られます。眠いので不機嫌になり、頭がぼんやりしているため介護者と十分な意思疎通が図れません。

被害妄想では、誰かに盗られたと思い込む「もの盗られ妄想」が多く、身近で介護している人がやったのではないかと疑います。

患者は、自己防衛のつもりで行動しているため、阻止しようとする介護者は〝敵〟に見え、抵抗が暴力となって現れるのです。

介護者は、できるだけ患者の好きにさせておくことが理想です。間違いを正そうと否定してはいけません。

患者の身が危険で保護する際は、相手の視線に入らないよう背後に立ち、両脇を抱えるとよいでしょう。

混乱期は、速やかに薬物治療の検討を。抗精神薬を少量投与すると、よく眠れ、症状は数日から1週間程度で鎮静します。

甘えやすい「依存期」

混乱期を過ぎて依存期になると、目尻が下がった困惑した表情、寂しそうな顔になります（図2参照）。

意識はハッキリしてきますが、暴力を振るうことや、介護に抵抗することがあります。混乱期との違いは、介護者と意思の疎通が図れる点です。

これは忍耐力の低下によって、我慢できなかったり甘えたりしている状態。怒ってばかりいる人も、泣いてばかりいる人も混乱期に分類できます。

介護では、患者の不満や寂しさの原因を取り除きます。さらに、患者を一人にしない、人の声の届く所にいさせる、頻繁に接触するなどを心掛けます。

依存期は数週間から数カ月。抗精神薬は中止し、抗てんかん薬に切り替えた方がよいでしょう。

（図2）依存期
眉間にしわが寄っている
困惑した表情
目尻が下がって寂しそう
人を呼ぶ、物音を立てる
オーイ
誰か～
ガタ ガタ
ガタ ガタ
すぐに泣く
ダメッ！
ワ～
怒りっぽい、すぐにカッとなる
来るのが遅い！
イラ イラ
暴言・暴力
キャー
ドンッ
さわるな！
同じ考えを繰り返す
夕飯はまだかい？
さっき食べたでしょ。
寂しがる、悲しがる
また来るから…
帰らないで!!…

（図3）昼夢期
眉間のしわはなくなる
マイペースな笑顔
ぼんやりしている
病院や施設を自宅だと思う
我が家がイイネ〜
一人遊びをしている
お父さん何してんの？
……。
ゴソゴソ
職員を家族と間違える
京子やお茶いれてくれるかい？
独り言を言う
……。
ブツブツ
幻覚・幻想（怖くないものが見える）
お父さん誰と話してるの？
お嬢さんいくつ？

夢見がちな「昼夢期」

依存期を過ぎて昼夢期になると、患者は自分の世界に浸るような状態に。表情に眉間のしわはなくなり、マイペースな笑顔になります（図3参照）。病院や施設を自分の家と感じたり、職員を家族だと思い込んだりします。幻覚や幻視として、ないものが見えることもあります。

介護者は、無理に幻覚を否定したりせず、患者の〝夢の世界〟の登場人物になりきってあげましょう。すると患者は、落ち着いた療養生活を送ることができると思います。

あくまでも私の経験に基づく治療方針ですが、抗てんかん薬などの投与は中止します。幻覚も、患者が恐怖を伴うものでなければ、薬物治療をしません。認知症は現代医学で完治は難しく、徐々に進行するもの。ならば患者を、楽しく〝夢の世界〟に浸らせてあげてもよいのではないでしょうか。

認知症の末期まで、長い昼夢期を穏やかに過ごすことが、本人や家族の幸せにつながると思います。この「認知症3段階ケア」が、より良い治療・介護の役に立てればと願っています。

くまがい・よりよし

1952年、東京都生まれ。慶應義塾大学医学部卒業後、東京大学医学部脳神経外科学教室入局。東京警察病院、都立荏原病院、自衛隊中央病院などを経て、京浜病院院長に。蒲田医師会会長に就任し、日本慢性期医療協会常任理事を務める。医学博士。日本脳神経外科学会認定専門医。認知症サポート医。

『認知症予防と上手な介護のポイント』
（日本医療企画）

松本診療所（ものわすれクリニック）院長 松本一生（まつもといっしょう）さんに聞く

老老介護（ろうろうかいご）の心得（こころえ）

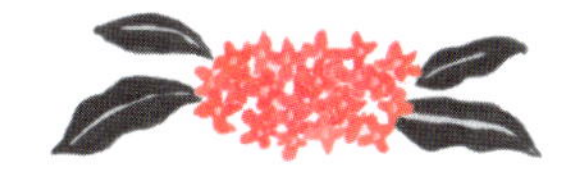

現実と問題は何か

高齢化が進み、年老（お）いた夫婦や親子、
きょうだいなどの間で増えている「老老介護」。
その現実と問題・対策について、
大阪市にある松本診療所（ものわすれクリニック）の
院長・松本一生さんに聞きました。

喪失体験と生涯発達

歯科医から精神科医になった私が、「老いても生きること」と「死」について真剣に考えた背景には、妻の母親を27年間にわたり介護したことが挙げられます。

人は皆、それまで苦もなくできたことができなくなると、自分に対する自信をなくします。これが、「老い」の始まりともいえるでしょう。自分というイメージ（対象）が揺らぎ、自己対象喪失という経験をします。

高齢者には、さらに、家族や友人との死別や、定年後に社会との隔絶といった、さまざまな喪失体験が伴います。中には喪失感を持たずに生きる人もいますが、「誰もがそうあるべき」と考えて、その思いを人に押し付けるのは酷です。

ただし、「自分には、まだすべきことがある」と思う人や、今日よりも明日に望みをつなぐ人などは、いかに年を取ろうとも日々向上する力を秘めているものです。これを「生涯発達の心理学」といいます。

こうした点を踏まえ、「老老介護」という困難な現実をいかにして乗り越えるか――その可能性を一緒に考えましょう。

夫婦なら当たり前？

老老介護の介護者と要介護者の関係性には、さまざまなケースがあり、両者が抱えやすい感情や課題も異なります。

夫婦の場合、一方が要介護状態になると、もう一方は「私がいなければ夫（または妻）は生きていけない」と思い、「介護して当たり前」という感覚に陥りがち。それまで冷静に判断できていた人（介護者）が情緒的になり、心のゆとりを失いかねません。

「この人（要介護者）がいなければ、私が生きる意味がない」などと思い込まずに、あえて〝心の距離〟を取ることでケアの在り方を見直す冷静さが大切です。

一概に言えませんが、〝会社人間〟だった男性介護者ほど完璧なケアを求める傾向があります。介護サービスの利用を拒み、一人で介護する人も少なくありません。

特に老老介護では、長丁場を体力的に乗り切る工夫が必要です。心身が疲れ果てると、介護者が病気になったり、虐待のような悲

劇を起こしたりしかねないからです。

また、介護を〝自分の弱み〟ととらえ、周囲に状況を話さない介護者は要注意。伴侶への愛情や責任感が強くても、質の高い良い介護は、自らの状況を医療・介護職、知人らと分かち合うことで生まれてくるものです。

きょうだい間や〝逆転〟も

夫婦ではなく、きょうだい間で老老介護が行われている場合、介護者は「好きで介護しているのではない」といったことがよくあります。

身寄りがないなどの理由で介護しますが、「どうして私が？」と疑問を抱きやすいのが特徴です。特に他にもきょうだいがいれば、「私だけ〝貧乏くじ〟を引いた」と憤ることもあるので、関係者は配慮が必要です。

もちろん、家族だから「介護したい」という気持ちもあるでしょう。さらに、要介護者の姿を見て「あすは、わが身」と思うのも、きょうだい間での老老介護ならではです。

最近、私が気掛かりなのは、高齢な息子を超高齢な母親が介護したり、高齢な姉が妹を介護したりする、いわば〝逆転〟の関係。これらも老老介護に含まれます。

長寿化した日本では、親や兄、姉の方が健康であれば起こり得ること。介護者の負担は大きく、介護が破綻する可能性が高くなります。

また、介護される側は「自分の方が若いのに」と、申し訳なさでいっぱいになるかもしれません。そこから孤立感が強まる前に、介護される現実を受け止め、自分自身を〝それでもよい〟と許せる気持ちになることが大切です。

ケアを受けるべき人が介護を拒絶することを「セルフネグレクト」といいます。特に無縁社会を生きる独居高齢者には、手遅れになる前に周囲の〝見守りのネットワーク〟が必要でしょう。

周囲との連帯が大切

老老介護をより困難にする、介護者が陥りやすい三つの症状があります。

①無力感

介護を頭で理解していても体がついていかず、無力感を抱く人が多くいます。「自分は怠けている」と感じ、過剰に頑張るのは逆効果。体力の限界があって当然です。

若い時のように、気力で乗り越えようとしても長続きしません。体力の限界を知ることは、気力の使い方を知ることにもなるので、自分のペースをつかんでください。

②孤立感

周囲から孤立した介護は、介護者の思い込みが出やすく、状況の客観的な判断が難しくなることがあります。

「自分の力で何とかしないといけない」と思いがちですが、人の意見を取り入れることを心掛け、一つの考え方に固執しないようにしましょう。

③被害感

介護を一人で抱え込むと、周囲から「悪く言われていないか」等の評価が気になり、疑い深くなる被害感が強まります。自分の介護に否定的な感情を持ちやすくなり、〝ダメな介護者〟と思い込むことも。周囲と連帯する中で冷静さを保つようにしてください。

◇

老老介護の現場で一番の問題は、介護者が病気になった時です。介護者が

体調を崩し、ケアが成り立たなくなる現場を何度も見てきました。

認知症の妻を介護していた夫にも認知症が始まり、あっという間に妻を追い抜くような形で悪化した人もいました。

「認認介護」という、嫌な表現で語られる現実があるのです。やはり、介護者としての自分を周囲の人に気に掛けてもらうことが大切でしょう。

常に心掛けたい注意点

老老介護では、要介護者の状態が変化しても、身体機能が低下した介護者には気付きにくいことがあります。

①脱水

一日に必要な水分は約1.5～2リットル。一般的にその半分は食事に含まれる水分が補い、残りを食事以外で取りますが、普段から心掛けておかないと

すぐに脱水を起こします。

脱水症状は体の「気だるさ」を感じます。原因が脱水であると気付かないと、他の病気と勘違いすることも。多くの人は夏の脱水に注意しますが、冬でも暖房が効いた室内では注意が必要です。

②発熱

人間の体は、病原菌に感染したりすると、発熱して外敵と戦おうとします。ところが、高齢になると反応が小さく、熱が出ない場合も。病院を受診するなど、病気を見逃さないようにしましょう。

③ヒートショック

急激な温度差に体が影響を受ける「ヒートショック」。血圧が急変し、脳梗塞や心筋梗塞などを起こす恐れがあります。特に、風呂場と脱衣所の温度差が危険です。各場所の温度差を減らしたり、室内でも寒い所に行く時は上着を羽織らせたりしましょう。

④ふらつき

脳梗塞の後遺症や、パーキンソン病などがある人は、体がふらついていないか、自宅でも確かめてください。立ちくらみや倒れることなど、日頃から、どんな場面で症状が出やすいかを把握しておくとよいでしょう。

⑤むくみ

年を取ると体の循環が悪くなるため、手足がむくむことが増えてきます。問題は、むくみを取ろうと利尿剤を使い過ぎたり、水分摂取を控えたりして脱水になること。むくみの原因を知って対応することが大切です。

自分と向き合う5項目

私は、介護者も要介護者も、次の五つの項目で自分と向き合い、それらを乗り越えていくことで、老老介護の自信につながると考えています。

①私には○○の不都合がある……あえて、自分の不都合な面に目を向けることで、介護に必要とされる課題をしっかり見極めます。

②でも私には○○ができる……小さなことでも「まだ残っている力」を見つけ、評価することで力を発揮することができます。

③私は○○の面で、掛け替えのない存在……生きている限り、そこには意味も役割もあります。誰にでも得意なことがあるように、自分にしかできないことがあるはずです。

④だから私は必要とされている……これこそ、人生を全うするエネルギーです。どんな〝こじつけ〟でも構いません。ただし、ケアに没頭して燃え尽

きないことも大切です。

⑤私は○○のために存在しなければならない……自分を全面的に否定せず、自ら選んで生き続けるという強い心は、明日への大きな力となります。

拡大家族ネットワーク

これまで私は、精神科医として家族と共に患者を支えながら解決策を見つける「家族療法」を専門にしてきました。患者本人と家族が持つ、病から回復への〝復元力〟を後押しする方法です。

ただ、単身や夫婦のみの世帯が増えた今、「血縁＝家族」という考えではなく、お互いに信頼感で結びついた生活をしている共同体を〝家族〟とした方が適切なのかもしれません。

実際、本人の周囲には、家族に次いで信頼されている人の存在がよくあります。これを「拡大家族ネットワーク」と呼んでいます。本人に危機が迫った時に、最後まで協力してくれる人々です。

それは医療・介護職の人らも含めた、地域の支援者たち。老老介護や認認介護、遠距離介護などの諸問題は、積極的に他者に働き掛けるといった、地域の協力なしには解決できないでしょう。

〝出掛けるチーム〟を作る

厚生労働省は2015年、認知症施策推進5カ年計画「オレンジプラン」を公表しました。

これは、それまでの病院・施設を中心とした認知症ケア施策を、できる限り住み慣れた地域で暮らせるよう、在宅中心の施策に移行することを目指すもの。地域で医療や介護、見守りなどの日常生活支援サービスを提供する体制作りなどがまとめられています。

こうした中、お勧めしたいのは、困っている人の要請を待つだけではなく、こちらから「出掛けるチーム」を作ること。往診や訪問看護などを単体機関が行うというより、行政なども含む多職種が、チームとして連携して関わるものです。

以前から似たようなものが存在する地域もありますが、無縁社会といわれる現代、老老介護で孤立した人などを支えるチームが全国的に必要でしょう。

（注）2018年度までに全市区町村に認知症初期集中支援チームを設置する目標が掲げられ、設置が推進されている。

絆が復活するチャンス

私は長年、かかりつけ医と総合病院などにいる専門医が連携することで、地域医療のさらなる充実を訴えてきました。

確かに、高齢者が人口の半数以上を占める〝限界集落〟のような地域では、医師や病院も減り、ままならないことも事実です。今後は都市部でも、これ

に似た状況が増えてくると予測され、ますます〝出掛ける〟の役割が大きくなるでしょう。

将来を悲観しても、老老介護の増加は避けられません。しかし、それは「絶対、あってはならない世界」でもないと思うのです。

老老介護を支え合う世の中になれば、人々に忘れられつつあった「絆」が復活するはずです。その可能性を秘めている老老介護は、日本が新たな方向性を見いだすチャンスなのかもしれません。

まつもと・いっしょう

◆

1956年生まれ。大阪歯科大学と、関西医科大学を卒業後、大阪人間科学大学・社会福祉学科教授を経て、現在、大阪市立大学大学院生活科学研究科客員教授。専門は老年精神医学、介護家族と支援職のケア、高齢者虐待防止など。日本認知症ケア学会理事、公益社団法人「認知症の人と家族の会」会員。著書多数。

『こころが軽くなる
認知症ケアのストレス対処法』
（中央法規出版）

介護福祉ジャーナリスト 田中 元さんに聞く

離れて暮らす親のために

自立生活を地域の人と支える

離れて暮らす親に「介護」が必要となる前に、
子どもができることは何か――
実家を訪れる年末年始の帰省時などに
確認しておきたいポイントを、
介護福祉ジャーナリストの田中元さんに聞きました。

将来の不安要素

年老いた親と、その子どもが離れて暮らすのが一般的になった今日、いずれ必要になるかもしれない親の介護は、子にとって将来の不安要素の一つといえます。

都会で暮らす子どもほど、親を呼んで同居できるだけの広い家に住んでいるとは限らず、遠距離介護をするにしても「交通費の負担増」「仕事を休むのが難しい」といった問題もあるでしょう。

こうした不安を少なくするために、事前にできることがいくつもあります。その考え方の前提は①親ができるだけ長く自立生活を送れるように環境を整える②親を支えるのは子どもだけでなく、親が暮らす地域の人々と共に支える――という2点です。

玄関でも分かる

まず、親の状況をきちんと把握しましょう。「自分の親だから、よく知っている」と言う人ほど要注意。特に75歳以上の親は、半年も会わないと〝持病〟が一つ増えていることも珍しくありません。

高齢になれば病気の一つや二つ抱えるのは当然ですが、その数が増えれば服用

すべき薬も増えるもの。飲み忘れると、病状を悪化させかねないので注意が必要です。最近では、タイマーで服薬の時間を知らせるものもあります。

帰省の際、親が日頃どんな薬を飲んでいるかの他にも、確認しておくといい主な点を紹介します。

①玄関に出迎えた親の様子②玄関に出ている履物の数③部屋の臭い④トイレや風呂場の清掃⑤冷蔵庫の中身⑥家電製品の不具合⑦カレンダーの書き込み——の7点。

①は、実家に着いたら呼び鈴や「ただいま」と言って、玄関に来る親の様子を確認。以前に比べ遅ければ、足や耳が不自由になった可能性も。高齢者の実態調査を行う保健師は、この時に本人の状況がだいぶ分かるそうです。

②③④は、履物の散乱、異臭、ひどい汚れ等があれば、足腰の衰えで片付けや清掃が困難になっているケースも。⑤は栄養状態の把握、⑥は危険な目に遭うリスクの削減、⑦は生活リズムを知るために有効です。

帰省できない人には、声の様子から把握できる点も多い「電話」での確認がお勧め。電話に出るのにかかる時間も確かめ、日常の様子を以前と比べるには、毎回同じ時間帯にかけるといいですね。

食事の内容は？

少し前まで親が「していた生活」のどこに変化があるか――特に気に掛けたいのは、食事や入浴、掃除、外出で、中でも毎日行うことといえば「食事」でしょう。

通常、自炊での食事には、「献立を考える」「買い物に行

く」「調理する」「食べる」「後片付けをする」といった複数の生活動作が必要。この回数が減ったり、頻繁にコンビニ食などで済ませたりしていれば、栄養が偏っていることも考えられます。

高齢者は食が細くなりがちなので、老化を防ぐのに必要なタンパク質、カルシウム、ミネラル等が不足しないよう促しましょう。自炊が困難なら配食サービスを利用するという方法もあり、高齢者向けに栄養バランスを考えている事業者もあります。

帰省時の親との外食では、親が何を食べたいかに注目。好みが変わることもありますが、日頃の栄養状態や体調を知る参考にしましょう。

〝つかず離れず〟

親の状況を把握し、子として言いたいことがあっても、命令口調では納得してもらえないものです。親が「できること」を褒めつつ「した方がいいこと」

を勧めましょう。

ただし、親は子よりも長く生きており、年を取ったように見えても〝人生を切り開く力〟は想像以上にあります。それを尊重し、あえて〝つかず離れずの関係〟を築くことも、離れて暮らす親を見守る大切な心構えです。

親が住み慣れた地域には、近隣との関係、病院や買い物をする店など、生活に必要な資源が数多くあります。

ただ、それらは友人も高齢で亡くなったり、過疎化で病院や店が閉鎖されたりして、親の意思とは関係なく変わることがあります。

離れて暮らす子は、これらの資源について意外と知りません。人間関係の把握には、親の〝人とのつながり〟を図にして更新する方法も。その際は、親本人のことを根掘り葉掘り聞くよりも、「あの人は今何しているの？」など周囲の人について尋ねると、自然に分かるでしょう。

また、親は通っていた店の閉店を知っていても、新店舗や新サービスを知らない場合が。地域包括支援センターでは介護サービスはもちろん、要介護

状態になる前から使える〝生活支援サービス〟の情報を備(そな)えているところもありますので、一度訪ねてみるといいですね。

実家に手すりを付けるだけで、転倒による骨折や寝たきりになる危険を減(へ)らします。親の「したい生活」の実現をさりげなく支(ささ)え、いざというときに頼(たよ)りになる存在こそ、素晴らしい〝親孝行(おやこうこう)の姿〟ではないでしょうか。

たなか・はじめ

◆

1962年、群馬県生まれ。立教大学法学部卒業。出版社勤務を経て、フリーのジャーナリストに。高齢者の自立・介護等をテーマとした取材、執筆、メディア出演、講演活動などを行っている。著書に『老後の住まい・施設の選び方』(自由国民社)、『家で介護が必要になったとき』(ぱる出版)など。

『離れて暮らす親に元気でいてもらう本』
(自由国民社)

和歌山大学教育学部教授 体育学博士 本山貢さんに聞く

シニアエクササイズ特集❻

基本的トレーニング

腰持ち上げ

あおむけになって膝を立て、脚を肩幅程度に開いて、かかとをお尻に近づける

「腰持ち上げ」の運動は、腹筋や大腰筋、脊柱起立筋、大殿筋、大腿四頭筋など、下半身全体の筋肉を強化します。

特に、腰痛の予防にも効果的です。

まず、あおむけになって膝を立て、脚を肩幅程度に開き、かかとをお尻に近づけます。

両手を腰、またはお尻に当て、ゆっくりと

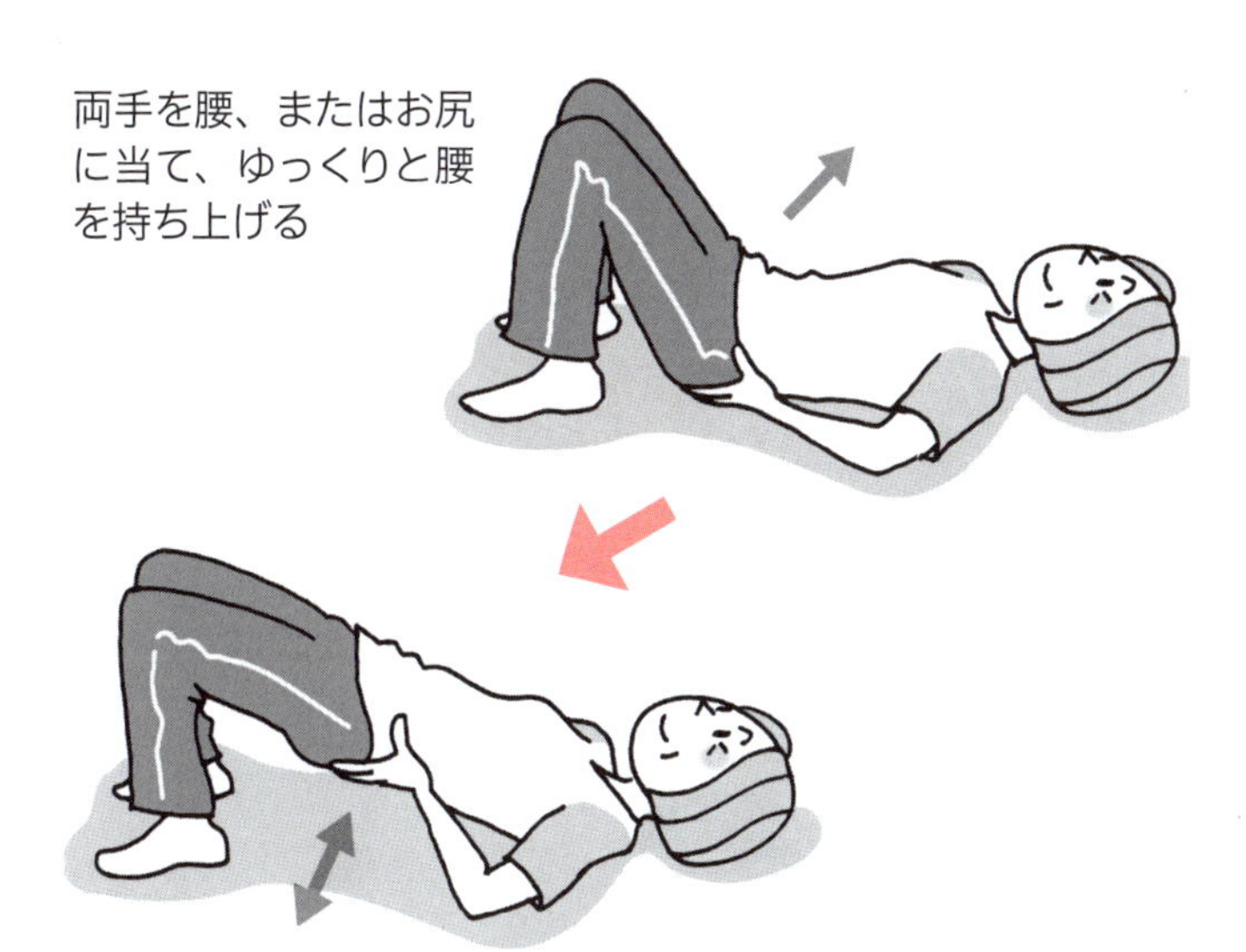

腰を持ち上げます。背中の筋肉に力が入ることを意識しながら、おへそを上に突き出すような動きを。おなかと太ももが、一直線になるように持ち上げます。

腰を4秒かけて持ち上げ、4秒かけて元の状態に戻す運動を10回繰り返します。

認知行動療法研修開発センター理事長 大野 裕(おおの ゆたか)さんに聞く

高齢期のうつ予防

〝心のアラーム〟を確認

高齢者がなりやすいといわれる「うつ病」は、
健康管理や日常生活が消極的になり、
要介護(ようかいご)状態にもなりかねません。
うつを防いで元気に過ごす方法を、
一般社団法人認知行動療法研修開発センター理事長の
大野裕さんに聞きました。

うつ病チェック

最近2週間続いているものに○を付けてください。

1. 毎日の生活に充実感がない
2. これまで楽しんでやれていたことが楽しめなくなった
3. 以前は楽にできていたことが、今ではおっくうに感じられる
4. 自分が役に立つ人間だとは思えない
5. わけもなく疲れたような感じがする

2項目以上に○を付けた人はうつかもしれません。医療機関などに相談しましょう。

喪失(そうしつ)体験が重(かさ)なる

うつ病は、若者から高齢者まで、誰(だれ)もがなる恐れのある病気です。その中

で一般的に「高齢になるとなりやすい」といわれるのは、うつの引き金になりやすい〝喪失体験〟が重なるからです。

喪失体験とは、配偶者や親しい人を亡くすことの他に、老化や病気によって「若さを失った」、退職して「仕事を失った」、子が独立して「親としての役割を失った」などと感じることも含まれます。

「自分は、うつとは無縁」と思っていた人でも、周りの人に支えられていたから元気だっ

た、ということも。ストレスに強い性格でも、絶対に大丈夫とはいえません。うつは免疫力を低下させたり、ホルモンや自律神経のバランスを乱したりするため、体にも変調が起こりやすいので高齢者は注意しましょう。風邪をひきやすくなったり、心筋梗塞になったりするケースも。一命を取り留めても、回復の経過が思わしくないといわれます。

うつになると、健康への意欲も失いやすくなります。家での閉じこもりが続くと筋力が低下し、歩くのも困難に。寝たきり状態になりかねないので注意が必要です。

反対に、体を動かしていると体力が付き、記憶力などの認知機能の低下も防げます。

自分で行う「うつ病チェック」（143ページ）で疑われたら、かかりつけ医など、安心して相談できる医師の元へ。その後に、必要に応じて専門医を受診するといいでしょう。

誰でも落ち込むことはありますが、2週間たっても元に戻らない人には、周囲の支援が必要であると考えます。

交流と楽しいこと

うつ病の予防には「人との交流」と「体を動かす楽しいこと」が効果的です。交流による人との触れ合いは、心を元気にします。地域や身近な人を信頼できている人は、うつになりにくい傾向があるので、地域活動などは積極的に参加しましょう。

また、体を動かすことは、気持ちを晴らすことにつながります。軽い運動や外出する活動など、一人で行うものでも構いません。自分が楽しいと思えることが大事です。

予防のポイントは、焦らずに続けること。交流は会話ができる知人作りから、楽しいことは日常生活で体験できるものを繰り返しましょう。「質よりも量」が大切です。

人間関係がうまくいかなくても「やはり、誰とも親しくなれない」「どうせ、自分は必要とされていない」などと思い込む必要はありません。

自分自身、周囲との関係、将来に対しネガティブになるうつの特徴を「否定的認知の3徴」と呼びますが、これは自然な考えです。常に肯定的に「自分は何でもできる」と思っていたら、人は成長しません。苦手と思うからこそ、克服しようと思えるのです。

いわば、自分に注意を促す〝心のアラーム（警報器）〟が鳴っている状態です。そんな時は、無理して頑張らず、まず立ち止まって何が起きているのか確認しましょう。

良くない予測を「やはり」「どうせ」などと必ず起こるかのように考えると、つらくなります。そうした時に考え方や行動を工夫して、問題に対処できるようにすることで気持ちを楽にする方法を「認知行動療法（認知療法）」といいます。

しなやかに考える

認知行動療法では、現実を見ながら一つの考えにとらわれない〝しなやかな考え〟で問題に対処できるよう手助けします。やりがいのあることや楽しいことを増やしていくように勧めることも。

まず、自分の行動を振り返って書き出します。そして、例えば、気持ちが晴れたものを「晴れ」、変わらないものを「曇り」、つらくなったものを「雨」と評価する〝心の天気図〟を作ります。日記に付け加えてもよいでしょう。

大事なのは、元気になる手掛かりが見えること。楽しかったことは、忘れないようにすぐ記録しましょう。

次に、その記録を基に自分にできる具体的な行動計画を立てます。最初はハードルを下げて、できることから少しずつ。友達と一緒にする計画だと相手の都

合に左右されるので、初めは自分だけでできる計画を立てましょう。

小さなことも積み重ねると意欲が湧き、次の行動に目が向いてきます。周りの人は無理に励まさず、少し頑張ればできそうな時には後押ししてあげましょう。

もちろん、休養も大切。それが閉じこもりかどうかは、本人が楽になっているかどうかで判断します。寄り添いながら、相手の心が上向いて、その人らしく暮らせるようにサポートしましょう。

おおの・ゆたか

◆

1950年、愛媛県生まれ。慶應義塾大学医学部を卒業後、コーネル大学等に留学。医学博士。国立研究開発法人「国立精神・神経医療研究センター」認知行動療法センター長を経て、現在は顧問。日本認知療法学会理事長、一般社団法人認知行動療法研修開発センター理事長など多くの要職を務める。認知行動療法活用サイト「こころのスキルアップ・トレーニング」(https://www.cbtjp.net)を開設。著書多数。

『「こころ」を健康にする本 ——
くじけないで生きるヒント』
(日本経済新聞社)

緩和ケア医 大津秀一(おおつしゅういち)さんに聞く

大切な人の看取(みと)り方

寿命(じゅみょう)での死を受け止める

人生にそう何度も経験することのない〝看取り〟。
その時が来ると、戸惑う人も少なくありません。
見守る人も逝(ゆ)く人も、どうすれば安心できるのか――
緩和(かんわ)ケア医として2000人以上の患者を見送り、
『大切な人を看取る作法』(大和書房)をつづった
医師の大津秀一さんに聞きました。

延命治療と幸福

——病気と医療の関係は、どのように考えていますか。

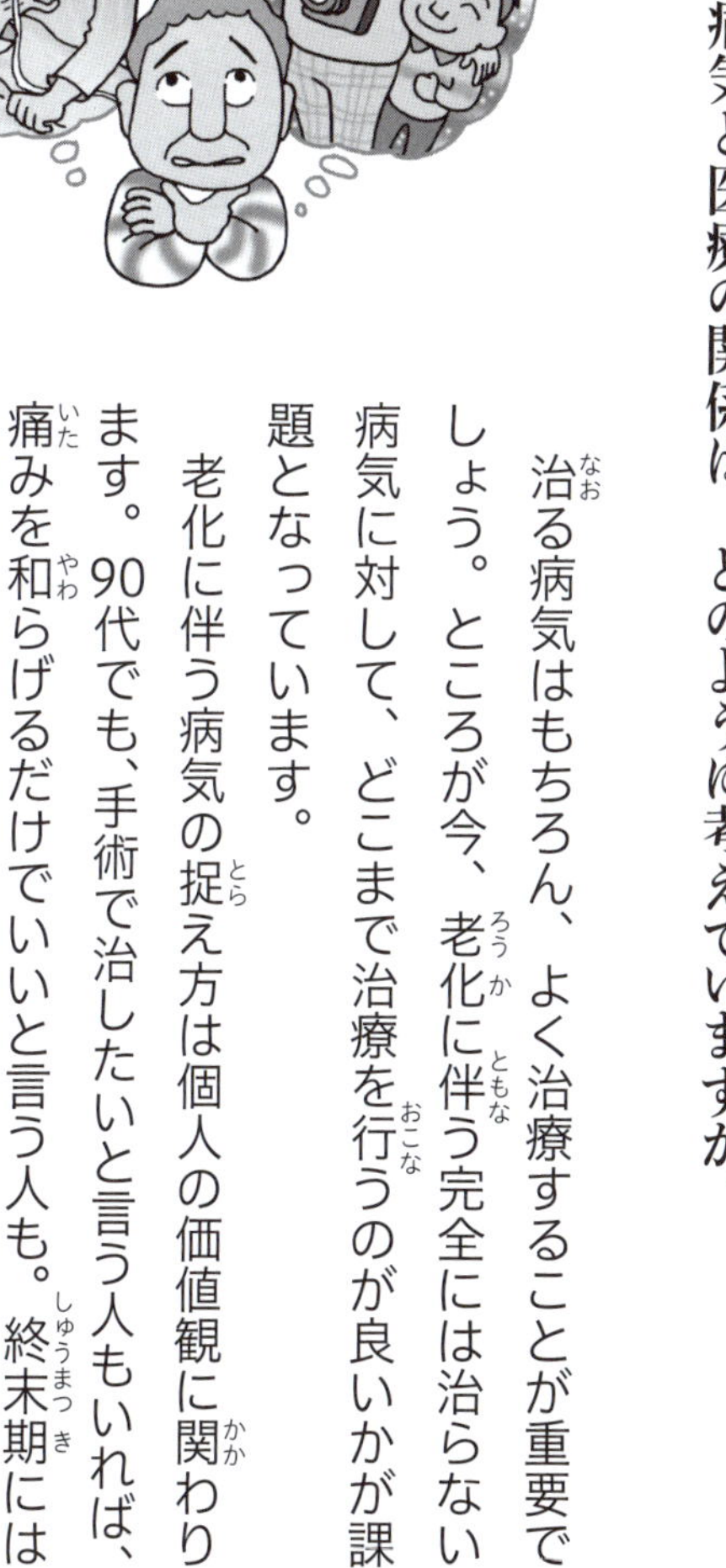

治る病気はもちろん、よく治療することが重要でしょう。ところが今、老化に伴う完全には治らない病気に対して、どこまで治療を行うのが良いかが課題となっています。

老化に伴う病気の捉え方は個人の価値観に関わります。90代でも、手術で治したいと言う人もいれば、痛みを和らげるだけでいいと言う人も。終末期には延命目的の医療で改善するとは限らず、苦痛が強まる場合もあるのです。

短くて幸せな人生と、長くて不幸な人生では、どちらがいいか——究極の選択です。できれば最大限に長く幸せな人生だといいのですが、そうなるとは限りません。

私の考えでは、医療の大切な目的の一つは、受ける方が「幸せになること」であると思います。医療者には、治らない病気の方が病を抱えながらも、できる限りいい人生を送れるように支えることが求められるでしょう。

——寿命への備え方は？

現在は100歳でも元気な人が増えたので、自分が何歳まで生きるのか考えにくいでしょう。元気なうちは、来年も同じように過ごせると思う人が少なくありません。

しかし、往々にして病気は〝青天のへきれき〟のように見つかるもので、その途端に戸惑う方も。また、重い脳梗塞のように突然、発症して、自分の意思を伝えにくくなる場合もあります。

今や医療は「先生にお任せします」の時代から、患者が選択肢を選ぶ時代になりつつあります。自分の望みと提供される医療とが食い違わないよう、例えば「還暦」を機に医療等について考え、周囲と共有することが重要です。

そばに居ること

――緩和ケアでは何をしてもらえるのですか。

緩和ケアは、苦痛を取り除き、療養の全期間を穏やかに過ごすことを重視します。

苦しくて眉間にしわが寄る「苦顔」や、身の置き所なく体を動かす「体動」は、余命数日のがんの方に出ます。がんは終末期の変化が急激で、最期がいつか分かりやすいのが特徴。一方、老衰や認知症は亡くなる直前まで分かりにくいのが一般的です。

緩和ケアでは、薬を使い、命を縮めずに苦痛を取り除きます。また、終末期の点滴や栄養は、少ない方がいい場合もあると分かってきました。

――家族にできることは？

見守る人はいたたまれない時でもありますが、そばに居続けることが大切です。体をさすったり、手を握ったり、優しく声を掛けたりすることが苦痛の緩和に役立っていると思います。亡くなる人は、孤独になりやすいもの。実際に薬でも取れない苦顔が、家族がそばに居ると〝楽そうな顔〟になることもあるのです。

そばに居るのはつらいことでもありますが、そのような時間はもう長くあ

りません。逝く人の誰もが通る〝自然の道〟ですから、できる限り、支え続けてほしいですね。

死に目に会う

――「死に目に会えなかった」と落ち込む人がいます。

死の三つの兆候は「瞳孔散大＋対光反射消失」「呼吸停止」「心停止」とされ、医師はこれらを確認して死亡診断時間を告げますが、あくまで便宜的な区切りといえます。

全細胞が一瞬で死んだわけではありません。特に〝聴覚は最期まで残る〟といわれ、反応はなくても声は聞こえているかもしれません。

家族にも分かりやすい呼吸停止の時に居ないと、「間に合わなかった」と落胆する気持ちも分かります。でも、声を掛けるなど、思いを伝える時間はまだあるのです。

また、死亡診断や呼吸停止の時に居なくても、亡くなる1日～数日前の一番つらい時期に居合わせていれば、十分に「死に目に会えた」と言えるのではないかと思います。

大切な方が逝く間際に、人は思います。「もっと優しくしてあげればよかった」と。それまでの選択が正しくても後悔するものです。

送る側は事前に悩み、事後はなるべく悩まないようにしましょう。皆が、生きている間に〝自分にとって何がよいのか〟を家族や医療者と話し合い、「寿命での死」を受け止めていくことが大切です。

おおつ・しゅういち

◆

1976年、茨城県生まれ。岐阜大学医学部卒業。早期緩和ケア大津秀一クリニック院長。日本最年少のホスピス医(当時)として京都・日本バプテスト病院に勤務。在宅療養支援診療所・大学病院緩和ケアセンター長などを経て現職。緩和医療専門医、がん治療認定医、老年病専門医、内科専門医。著書多数。
https://kanwa.tokyo/

『大切な人を看取る作法』
(大和書房)

100歳時代
楽しもう！　マイ　ケア・ライフ

発行日　2018年9月17日

編　者　聖教新聞社編集総局
発行者　松岡　資
発行所　聖教新聞社
〒160-8070 東京都新宿区信濃町一八
電話 03-3353-6111（大代表）

印刷・製本　図書印刷株式会社

定価はカバーに表示してあります
落丁・乱丁本はお取り替えいたします

ISBN978-4-412-01645-3

イラスト　前田安規子、白髪エイコ